//
手のひら図鑑 ❸
恐 竜

マイケル・J・ベントン 監修

伊藤 伸子 訳

化学同人

Pocket Eyewitness DINOSAURS
Copyright © 2012 Dorling Kindersley Limited
A Penguin Random House Company

Japanese translation rights arranged with
Dorling Kindersley Limited, London
through Fortuna Co., Ltd., Tokyo
For sale in Japanese territory only.

手のひら図鑑 ③
恐　竜

2016年6月1日　第1刷発行
2023年8月1日　第3刷発行

監　修　マイケル・J・ベントン
訳　者　伊藤伸子
発行人　曽根良介
発行所　株式会社化学同人

〒600-8074　京都市下京区仏光寺通柳馬場西入ル
TEL：075-352-3373　FAX：075-351-8301

装丁・本文DTP　悠朋舎／グローバル・メディア

JCOPY〈出版者著作権管理機構委託出版物〉

本書の無断複写は著作権法上での例外を除き禁じられています。複写される場合は，そのつど事前に，出版者著作権管理機構（電話 03-5244-5088, FAX 03-5244-5089, email：info@jcopy.or.jp）の許諾を得てください。

無断転載・複製を禁ず

Printed and bound in China

Ⓒ N. Ito 2016
ISBN978-4-7598-1793-5

乱丁・落丁本は送料小社負担にて
お取りかえいたします。

For the curious
www.dk.com

目　次

- 4　恐竜の登場する前
- 6　恐竜の登場とその後
- 8　三畳紀
- 10　ジュラ紀
- 12　白亜紀
- 14　恐竜の祖先
- 16　恐竜の種類
- 18　恐竜から鳥類へ
- 20　恐竜の絶滅
- 22　化石のでき方
- 24　骨の化石
- 26　めずらしい化石
- 28　生痕化石
- 30　復　元

32　恐　竜

- 34　最初の恐竜
- 36　獣脚類
- 54　原始的な鳥類
- 56　古竜脚類
- 60　竜脚類
- 72　剣竜類となかま
- 78　ノドサウルス類
- 80　曲竜類
- 84　鳥脚類
- 96　堅頭竜類
- 98　角竜類

102　恐竜の隣人たち

- 104　リンコサウルス類
- 106　主竜類
- 114　キノドン類とディキノドン類
- 116　原始的な哺乳類

118　海のは虫類

- 120　プラコドン類とカメ類
- 122　偽竜類
- 124　魚竜類
- 126　首長竜類
- 128　プリオサウルス類
- 132　モササウルス類

134　空のは虫類

- 136　翼竜類

- 142　太古の世界の記録
- 144　一番大きな恐竜
- 146　恐竜の発見
- 148　用語解説
- 152　索　引
- 156　謝　辞

> **恐竜の大きさ**　恐竜や化石の大きさを、人間の身長または手の長さと比べて図で表しています。
>
> 1.8 m　　18 cm

ケントロサウルス

恐竜の登場する前 きょうりゅうのとうじょうするまえ

地球は45億年前に誕生しました。それから10億年ほどが経ったころ生命のきざしが現れました。最初の生命体は単細胞の生物でした。その後、長い長い時間をかけて単細胞生物は無脊椎動物（背骨のない動物）と脊椎動物（背骨のある動物）に進化しました。生物の進化の歴史を考えるときは下の図のように時代区分を大きく「代」に分け、さらに細かく「紀」に分けます。

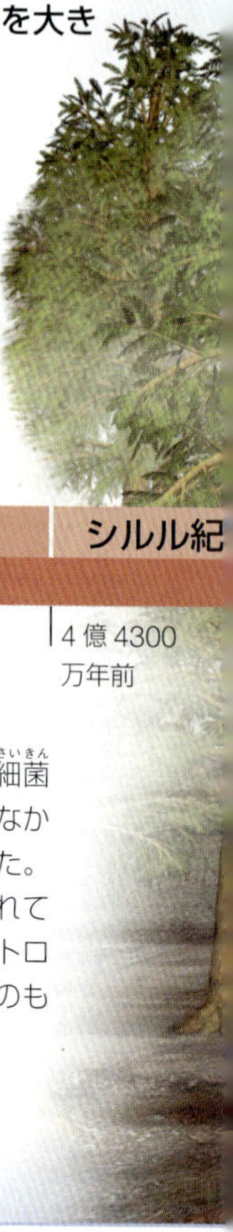

カンブリア爆発

約5億3000万年前、数えきれないほどたくさんの種類の無脊椎動物がいっきにふえた。カンブリア紀に起きたのでカンブリア爆発という。

アノマロカリス（カンブリア紀の海で捕食者の頂点にいた）

先カンブリア時代	カンブリア紀	オルドビス紀	シルル紀
	古生代		
	5億4200万年前	4億8800万年前	4億4300万年前

先カンブリア時代の生命

最初の生命体の中には海底の泥の中にすむ細菌もいた。この細菌は砂を使って岩のようなかたまり（ストロマトライト）をつくった。現在もストロマトライトはつくられている（左写真）。化石となったストロマトライトの中には27億年前のものもある。

ストロマトライト

デボン紀の植物

4億1600万年前から3億5900万年前までの時期をデボン紀という。デボン紀に現れた植物アーケオプテリスはどんどん広がり、地上に初めてうっそうとした森をつくった。

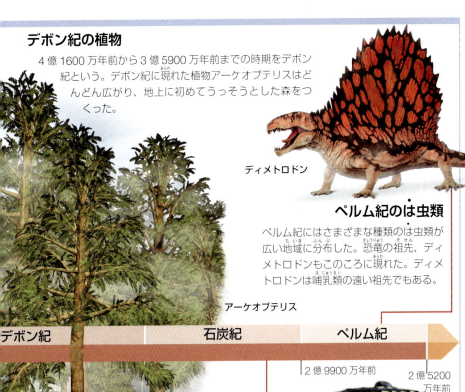

ディメトロドン

ペルム紀のは虫類

ペルム紀にはさまざまな種類のは虫類が広い地域に分布した。恐竜の祖先、ディメトロドンもこのころに現れた。ディメトロドンは哺乳類の遠い祖先でもある。

アーケオプテリス

| デボン紀 | 石炭紀 | ペルム紀 |

2億9900万年前　　2億5200万年前

アンフィバムス

石炭紀の両生類

四肢動物（4本の足をもつ脊椎動物）はデボン紀に現れ、石炭紀にはあちらこちらで栄えた。両生類のアンフィバムスは最初の四肢動物の一種。

恐竜の登場とその後 きょうりゅうの とうじょうとそのご

恐竜は中生代（2億5200万〜6500万年前）という時代に生きていました。中生代は三畳紀、ジュラ紀、白亜紀に分けられます。恐竜は白亜紀の終わり、約6500万年前に絶滅しました。最初のヒト科動物は約440万年前に現れました。

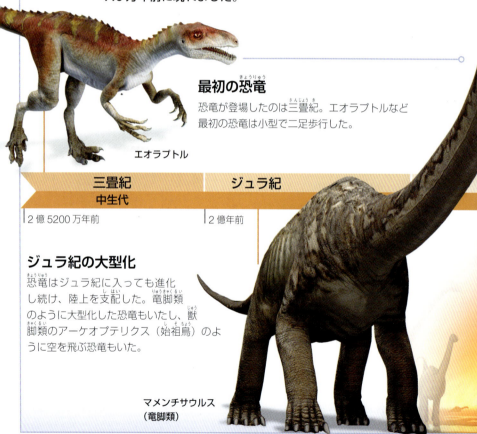

最初の恐竜

恐竜が登場したのは三畳紀。エオラプトルなど最初の恐竜は小型で二足歩行した。

エオラプトル

三畳紀	ジュラ紀
中生代	
2億5200万年前	2億年前

ジュラ紀の大型化

恐竜はジュラ紀に入っても進化し続け、陸上を支配した。竜脚類のように大型化した恐竜もいたし、獣脚類のアーケオプテリクス（始祖鳥）のように空を飛ぶ恐竜もいた。

マメンチサウルス
（竜脚類）

霊長類の誕生

中生代に続く時代を新生代という。新生代の前半の古第三紀に霊長類（人類を含むすべての霊長類の祖先）が現れた。

人類の登場

ウマ、ラクダ、ウシなど現在の哺乳類の多くは新第三紀に進化した。アフリカでは人類の祖先が登場し、世界中へ広がっていった。

エオシミアス
（原始的な霊長類）

白亜紀	古第三紀	新第三紀
	新生代	
	6500万年前	2300万年前

現 在

わたしたちが生きている時代は第四紀。260万年前に始まり現在も続いている。

恐竜の絶滅

角をつけた角竜類、よろいでおおわれた曲竜類など、白亜紀には新しい種類の恐竜が現れた。約6500万年前、小惑星またはすい星が地球にぶつかり、恐竜はすべて死に絶え、中生代は終わりをむかえた。

三畳紀 さんじょうき

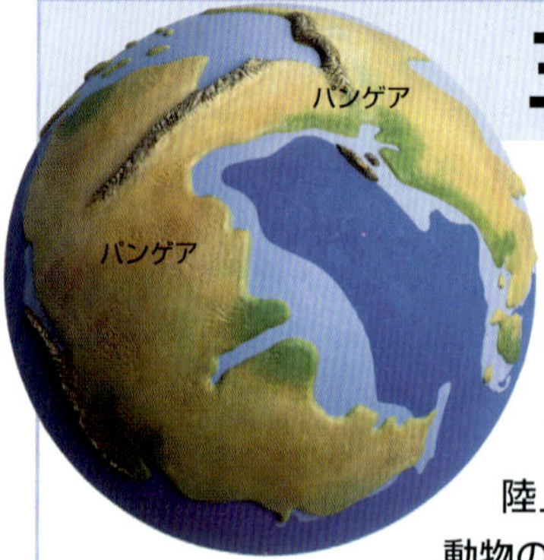

パンゲア
パンゲア

三畳紀は2億5200万年前から2億年前まで続きました。この時代はすべての大陸がつながり、パンゲアとよばれる大きな大陸をつくっていました。三畳紀に入る直前に大量絶滅が起こりました。たくさんの種類の生物が滅び、陸上からは動物がほとんど消えたのです。動物のいなくなった場所にはいろいろな種類のは虫類が現れはじめ、恐竜も登場しました。霊長類が誕生したのもこのころです。

プレウロメイア

変化する世界

三畳紀の地球には砂漠が広がっていた。植物が生えていたのは海や川の近くの湿った土。シダ植物や木に似た植物（プレウロメイアなど）が生い茂っていた。

シダ植物の葉

空飛ぶは虫類

三畳紀には空を飛ぶ翼竜類が現れた。翼竜類は恐竜ととても近い関係にあるは虫類。

エウディモルフォドン
（原始的な翼竜類）

植物を食べるは虫類

三畳紀には大型の動物が地上をうろうろしていた。その中には植物を食べる、ブタに似たは虫類のリンコサウルス類もいた。

ヒペロダペドン
（リンコサウルス類）

恐　竜

コエロフィシスをはじめ最初の恐竜は三畳紀に現れた。今から2億3000万年前のこと。このころの恐竜の多くは小型で人間と同じくらいの高さだった。ほかのは虫類に比べると数も少なかった。

コエロフィシス

ジュラ紀

ジュラ紀は約2億年前に始まり1億4500万年前まで続きました。1億7500万年前にはパンゲアが分かれはじめローラシアとゴンドワナという二つの大陸ができました（左図）。ジュラ紀に入ると大量絶滅が起こり、三畳紀に栄えていた恐竜以外のは虫類はほとんど消えたと考えられています。その結果、食べ物をめぐる競争がなくなり、恐竜が繁栄することとなりました。

海の怪物

中生代の海は巨大なは虫類に支配されていた。ジュラ紀になるとイルカに似た魚竜類やトカゲに似た首長竜類も現れた。

イクチオサウルス（魚竜類）

新しい環境

三畳紀に砂漠だった場所は緑の生い茂る森に変わり、三畳紀からふえはじめた植物でうめつくされた。モンキーパズルツリー（現在も残っている）などの針葉樹やウィリアムソニア（ヤシに似た葉をつける小さな木）なども生えていた。

ウィリアムソニア

モンキーパズルツリーの葉

空の花形

三畳紀に登場した翼竜類はジュラ紀になると進化してより上手に飛べるようになった。プテロダクティルスもこの時代に現れた。プテロダクティルスは長い翼と短い尾を手に入れ、軽やかに空を飛んだ。

プテロダクティルス

巨大恐竜の時代

巨大な竜脚類は史上最大の陸上生物。高さ18mの竜脚類もいる。群れをつくり大きな音を立てながら森を動き回っていた。竜脚類は恐ろしい肉食恐竜、獣脚類に食べられることも多かった。

ブラキオサウルス
（竜脚類）

白亜紀 はくあき

北アメリカ　ユーラシア　アフリカ　南アメリカ　南極

1億4500万年前から6500万年前まで続いた白亜紀には地球全体にいろいろな変化が訪れました。ローラシア大陸とゴンドワナ大陸が分裂して、現在の大陸の形ができ上がりました。竜脚類は減りはじめ、ハドロサウルス類（カモノハシ竜）や角竜類などほかの植物食の恐竜が繁栄しました。顕花植物が現れたのもこの時代です。

色がふえる

白亜紀の初めはまだ緑色の針葉樹とシダ植物の森が地上をびっしりおおっていた。このころの植物、木生シダの一種テムプスキアの幹はたくさんの茎がからみ合ってできていた。やがて陸上の景色が変わりはじめた。マグノリアのなどの顕花植物が現れ、色のついた植物がふえた。

テムプスキア

マグノリアの花

リアオキシオルニス
（原始的な鳥類）

羽のある空飛ぶ動物

ジュラ紀に登場した鳥類は、白亜紀になるといろいろな形に分かれていった。歯の生えていないくちばしなど、現代の鳥類と似た特徴をもつ鳥類が現れた。

モササウルス（モササウルス類）

ザラムブダレステス

待ちぶせする捕食者

白亜紀の海は巨大な捕食者モササウルス類に支配されていた。モササウルス類は力強い尾で上手に泳げたが、えものを追い回したりはせず、じっと待って突然おそいかかることが多かった。

小さな腐食者

恐竜の時代には哺乳類もとだえることなく生きていた。けれども体は小さく、植物や小型の動物、卵などを食べていた。

ジャングルの草食動物

白亜紀にはマイアサウラなどのハドロサウルス類（カモノハシ竜）といっしょに角竜類もふえた。トリケラトプスは植物を食べる大型の角竜類。群れで暮らし、花をつける植物を食べていたようだ。

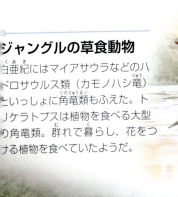

トリケラトプス

恐竜の祖先 きょうりゅうのそせん

背骨をもつ陸上の動物と同じく恐竜は魚類から進化しました。魚のひれは陸を歩くのに役立つ手や足になり、肺が発達して陸上で呼吸できるようになりました。魚類から進化した動物の中からは虫類が生まれ、は虫類が進化して恐竜になりました。

最初の一歩

アカントステガは最初に登場した四肢動物の一種。魚のような尾びれで水の中から体を押し出しそれぞれ8本の指がついた4本の足で陸を歩いた。

パンデリクティス

櫂に似た尾びれ

つま先のような指が8本ついた足

アカントステガ

魚のような骨

パンデリクティスなどの総鰭類はすべての四肢動物（背骨のある四脚動物）の祖先だ。総鰭類のひれは肉質で葉のような形をしている。内部には骨があり、わたしたちの手や足のようにじょうぶなつくりになっている。

卵を守る

原始的な四肢動物は水中で卵を産まなければならなかった。しばらくするとウェストロティアーナのように、水を通さない膜でおおわれた卵を産む四肢動物が現れた。膜のおかげで陸上で卵を産めるようになり、卵も乾燥しなくなった。このような動物が陸上で繁殖し、は虫類、恐竜、哺乳類に進化していった。

ウェストロティアーナ

背中に並ぶ骨のような板
顔の横についた目

恐竜のいとこ

恐竜は主竜類という は虫類のグループに含まれる。主竜類は現在のワニ類も含む。ワニ類はパラスクスのような原始的な主竜類から進化した。パラスクスはひざを曲げ腹ばいになって歩いた。

横に広がった足

パラスクス

パストスクス
（進化した主竜類）

2本足で立つ

進化していく中でまっすぐに立つ主竜類が現れた。横に広がったワニの足とはちがい、このような主竜類の足は体を地面のずっと上に持ち上げ、敏しょうでむだのない走りを可能にした。恐竜はまっすぐに立つ主竜類から進化したと、現在のところ考えられている。

恐竜の種類 きょうりゅうの しゅるい

中生代には1000種類をこえる恐竜がいました。巨大な竜脚類は高いところにある木の葉を食べ、肉食の獣脚類は追いかけてつかまえたえものを、鋭い歯とかぎ爪でひきさき口に入れていました。体を守るためによろいのような皮ふでおおわれた恐竜や、先のとがった角をつけた恐竜もいました。

とにかく大きい！

史上最大の陸上動物といえば恐竜だが、どうしてそこまで大きくなったのか、理由はだれにもわからない。捕食者から身を守るために大きくなったという説や、食べ物がふんだんにあったので食べているうちに大きくなったという説が考えられている。

バロサウルス
（竜脚類）、全長28m

ムッタブラサウルス
（鳥脚類）、全長8m

アンキロサウルス
（曲竜類）、全長6m

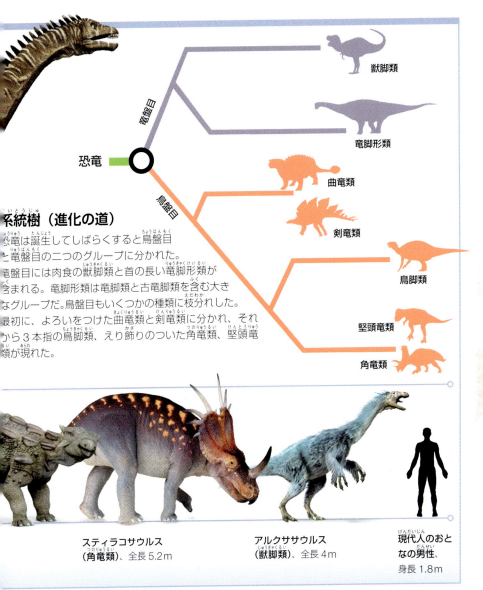

系統樹（進化の道）

恐竜は誕生してしばらくすると鳥盤目と竜盤目の二つのグループに分かれた。竜盤目には肉食の獣脚類と首の長い竜脚形類が含まれる。竜脚形類は竜脚類と古竜脚類を含む大きなグループだ。鳥盤目もいくつかの種類に枝分かれした。最初に、よろいをつけた曲竜類と剣竜類に分かれ、それから3本指の鳥脚類、えり飾りのついた角竜類、堅頭竜類が現れた。

恐竜から鳥類へ きょうりゅうから ちょうるいへ

鳥類が獣脚類の恐竜から進化してきたことはわかっています。ところが現在の鳥類がもつ飛ぶための特徴（翼、短い尾、強い飛翔筋のついた曲がった胸骨）は、祖先となる獣脚類にはありませんでした。このような特徴が現れるまでには何百万年もの時間がかかりました。

羽毛の発見

1996年、シノサウロプテリクスが発見されると世界中の研究者が驚いた。やわらかい羽毛のようなもので全身がおおわれていたのだ。この発見によって、恐竜は空を飛ぶようになる前に羽を進化させていたことがわかった。

羽を使う

シノルニトサウルスの化石はよく保存されていて、さまざまな種類の羽毛が残っている。これらを調べると、獣脚類に羽毛が生えたのは飛ぶためではなく、体を温めるためや威嚇や求愛行動といったディスプレイ（飾り）のためだったことがわかる。

シノルニトサウルスの完全な化石

空飛ぶ小さな恐竜

小型の獣脚類のミクロラプトルはハトよりわずかに大きい。腕と足に非対称の羽(下の「羽毛の進化」を参照)がある。このような羽は上昇する力を生むので木から木へ滑空できる。

最初の鳥

ジュラ紀の恐竜アーケオプテリクス(始祖鳥)はかつては最初の鳥類とされていた。現在では、かろうじて飛ぶことのできた最初の獣脚類の一種と考えられている。非対称の羽をもち滑空できたものの、は虫類のような長い尾と、かぎ爪のついた翼ももっていた。

現生の鳥類

イベロメソルニスは白亜紀に生きていたフィンチくらいの大きさの生物。現代の鳥類を生み出した鳥類の祖先のうちの一種だ。尾羽のある短い尾、湾曲した胸骨をもつが、現代の鳥類にある強力な飛翔筋はない。

羽毛の進化

最初の羽毛は、中が**空洞**になった毛のような組織だった。

1本の毛のような組織が根元で枝分れし、**房状のとげのような羽毛**となった。

軸を中心にして**とげのようなもの(羽枝)**が広がった。

非対称の羽に進化した。この羽によって体を上昇させて飛べるようになった。

恐竜の絶滅 きょうりゅうのぜつめつ

恐竜は1億6000万年以上にわたって地球を支配していましたが、今から約6500万年前、姿を消しました。このとき、恐竜以外の生物もたくさんいなくなりました。恐竜絶滅の理由を裏づける一番有力な証拠は、小惑星またはすい星の衝突です。そのほかに火山の噴火を示す証拠も残っています。どちらも地球の環境をとても大きく変化させるできごとでした。

空から訪れる死

直径10kmの小惑星またはすい星がもうれつないきおいで地球に衝突したことはわかっている。この衝突によってぼう大な量のちりが空中に舞い上がり、太陽をさえぎった。太陽の熱が届かないと地球の温度は一気に下がる。このためほとんどの生き物が消滅した。衝突と同じころ、地球では火山の活動も活発になっていた。火山の噴火は大量の灰や有毒ガスを放出し、動物や植物を死に追いやったと考えられる。

証拠

大衝突 メキシコのユカタン半島にあるチクシュルーブクレーターは6500万年前に小惑星またはすい星が衝突してできた。衝突したとき、宇宙からは左の図のように見えたと考えられる。直径は180kmをこえる。チクシュルーブクレーターは1990年代に発見された。

火山の活動 左写真の岩石のかたまりは、インドのデカン高原にある溶岩がつくった岩石の層（デカントラップ）。地球上で最大級の、火山活動の残した地形だ。今から8000万〜6000万年前に続けて起きた火山噴火によってつくられた。溶岩流は150万 km^2 をおおったとされている。現在のインドの半分におよぶ広さだ。

フェナコドゥス
（古第三紀に生きていた哺乳類）

生き残り

白亜紀に生きていた鳥類やトガリネズミに似た小型の哺乳類は大量絶滅を生きのびた。獣脚類が滅ぶと、大型の捕食者はいなくなった。やがて生き残った哺乳類が繁栄し、体も大きく成長して世界中に広がっていった。

化石のでき方

現在、恐竜についてわかっていることのほとんどは化石がもとになっています。化石は植物や動物の死体や足あとなどがとても長い時間をかけて石に変わったものです。骨や貝殻、木の幹の内部の小さな空間に鉱物をたくさん含む水が少しずつしみこんで化石になっていきます。

化石化

動物が死んで、いくつかの条件がそろうと化石ができる。風に吹き飛ばされた砂や川の泥などが死後すぐに死体をうめ、長い時間がたつと骨が石に変わる。足あとのついた地面も石となって残る。

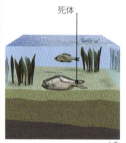

1. **魚**は死ぬと川の底に沈む。やわらかい部分は食べられたり腐ったりする。

2. 骨の内部の小さな空間に水に溶けた**鉱物**がしみこんで、結晶になる。

3. **時間**や熱、圧力の作用で骨の内部の鉱物結晶が石に変わる。

4. **何百万年**もかけて上の方の岩石の層がすり減り、化石となった骨が地表に出てくる。ここまでくれば、いよいよ化石採集家の出番だ。

鉱物の侵入

アンモナイトはうずまき形のからにすむイカのような生き物だ。恐竜と同じ時代に生きていた。アンモナイトのからの化石の内部はパイライト（黄鉄鉱。「愚か者の金」ともよばれる）という鉱物で満たされている。から自体は色の濃い鉱物に変わる。

保存されたやわらかい部分

動物の体で化石になって残るのはたいてい骨などのかたい部分だ。やわらかい部分はうもれる前に食べられたり腐ったりする。めずらしいことだが、死んだ直後にうもれると皮ふややわらかい部分が石になって保存されることもある。

クシファクティヌスの皮ふ（太古の魚）

足あとの化石

化石になるのは植物や動物の体ばかりではない。卵やふん、足あとなども化石になって残ることがある。このような化石を生痕化石という。

アロサウルスとアパトサウルスの足あとの復元模型

骨の化石

全身の骨が完全な状態で発見されることはめったにありません。ほとんどの化石は歯や骨、骨格の一部です。古生物学者は不十分な化石をもとに失われた部分をつなぎあわせて復元しなければなりません。運がよければ、全部の骨格が見つかることもあります。さらに関節した（骨がつながった状態の）全身骨格が出てくることもあります。

イグアノドンの手の化石
Iguanodon hand fossil

イグアノドンは最初に発見された恐竜のひとつ。写真はイグアノドンの化石だ。とてもよい状態で骨がつながっていて、とげ状の親指がはっきりわかる。イグアノドンの化石はいつもこのような状態で発掘されたわけではなかった。1820年、イギリスの医師ギデオン・マンテルは、採石場で見つけた歯の化石が太古の巨大な動物の体の一部だと気づいた。その後、マンテルらはつながっていない状態のイグアノドンの骨を見つけた。完全ではない化石からの復元はまちがってしまうことがある。化石をつなぎあわせていく中でマンテルはとげのようなの親指を鼻の上につけてしまった。角とまちがえたのだ！

生息期間 1億3500万〜1億2500万年前
　　　　　（白亜紀前期）

全　長 25cm

化石の発見場所 イギリス

動物グループ 恐竜

手の骨

とげの形をした親指

グリポサウルスの骨格
Gryposaurus skeleton

グリポサウルスはハドロサウルス類(カモノハシ竜)。写真の骨はカナダ、アルバータ州の恐竜公園層で発見された。一部は岩石にうもれたまま復元されている。研究者は、化石の生物が生きていたときの立ち方や動き方を考えながら、復元骨格標本をつくる。写真の完全な化石からは強力な腱で尾を高く持ち上げていたことがわかる。最初に復元されたときはまっすぐ立ち上がる姿だった。

腱で尾を持ち上げていた

生息期間 8300万〜7500万年前
(白亜紀後期)
全　長 9m
化石の発見場所 北アメリカ
動物グループ 恐竜

バリオニクスの爪の化石
Baryonyx claw fossil

写真はバリオニクスのかぎ爪だが、人差し指か親指なのかは不明だ。体と離れた状態で発見されたかぎ爪だけの化石はどこの骨か判断がむずかしい。このかぎ爪には、角質物質でできた鞘がくっつく溝が入っている。

生息期間 1億2500万年前
(白亜紀前期)
全　長 35cm (先端から根元まで)
化石の発見場所 イギリス
動物グループ 恐竜

ガリミムスの頭の化石
Gallimimus skull fossil

ガリミムスの頭骨には大きな眼窩(眼球の入るくぼみ)と顔の横についた目があり、鳥類の頭骨に似ている。眼球は板状の骨が円形に並んだ構造で支えられている。

生息期間 7500万〜6500万年前(白亜紀後期)
全　長 30cm
化石の発見場所 モンゴル
動物グループ 恐竜

めずらしい化石

動物の体の中で一番化石になりやすいのはかたい部分です。ところがやわらかい部分も、腐る間もなくうもれると化石になることがあります。このため皮ふ、羽毛、内臓器官などの化石も時おり見つかります。

エドモントサウルスの皮ふの化石
Edmontosaurus skin fossil

写真はエドモントサウルスの皮ふ。1本1本のしわに泥が入り、うろこのようすまでわかる細かい化石ができた。このような外形だけが残る化石をキャストという。

生息期間 7500万〜6500万年前（白亜紀後期）
全　長（一番長い部分） 20cm
化石の発見場所 アメリカ合衆国
動物グループ 恐竜

ポラカントゥスの皮ふの化石
Polacanthus skin fossil

写真のポラカントゥスの皮ふの化石にはたくさんのこぶが残っている。体が腐る前に泥でおおわれ、泥に皮ふが印刻された（このまま化石になったものを印象化石またはモールドという）。印刻部分に泥が入り、岩石に変わってできた化石だ。曲竜類に見られる先のとがったこぶも保存されている。

生息期間 1億3000万年前（白亜紀前期）
全　長（一番長い部分） 15cm
化石の発見場所 イギリス
動物グループ 恐竜

先のとがった大きなこぶ

シノルニトサウルスの化石
Sinornithosaurus fossil

2001年、中国でシノルニトサウルスの完全な化石が発見された。原始的な羽毛の印象（羽毛のあと）が骨のまわりにぎっしり並んだ化石だった。この恐竜は地表で生活し、たぶん川の底でかぎ爪に魚をつけたまま死んだようだ。死んですぐにうもれたので羽毛は完全な状態で残り、腐る前に泥にそのままの形を残した。この発見により羽毛はかならずしも飛ぶためのものではなかったことがわかった。獣脚類は羽毛で体を温めていたのだった。

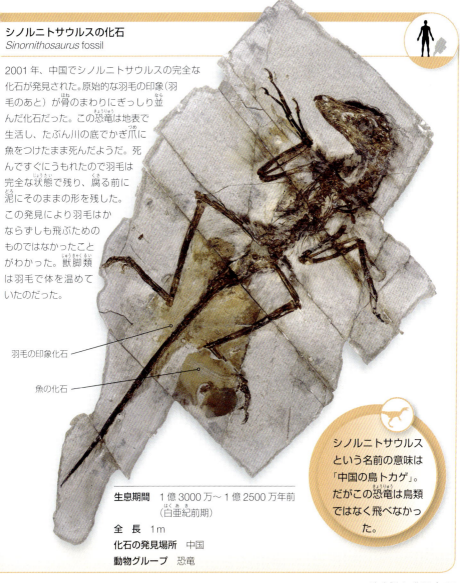

羽毛の印象化石

魚の化石

生息期間　1億3000万〜1億2500万年前
　　　　　（白亜紀前期）

全　長　1m

化石の発見場所　中国

動物グループ　恐竜

シノルニトサウルスという名前の意味は「中国の鳥トカゲ」。だがこの恐竜は鳥類ではなく飛べなかった。

めずらしい化石 | 27

生痕化石

動物は生活していたあとを残すことがあります。太古の生き物の活動の痕跡が岩石に残されたものを生痕化石といいます。足あと、かんだあと、ふん、卵などが生痕化石になります。

魚竜のふん石
Ichthyosaur coprolite

太古の動物の、化石になったふんをふん石という。ふん石を調べると食べていたものがよくわかる。写真は、海で生活していたは虫類、魚竜類（p.124〜125）のふん石。最後に食べて消化されなかった骨や貝殻のかけらから、えものの種類がわかる。

生息期間 1億9000万年前（ジュラ紀前期）
全　長 8cm
化石の発見場所 イギリス
動物グループ 魚竜類

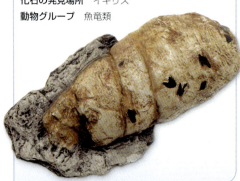

アパトサウルスの卵の化石
Apatosaurus egg fossil

写真は竜脚類アパトサウルスの卵の化石。卵は厚いからでおおわれ、壊れないように守られている。巨大な体のわりに卵は小さい。もし卵が大きかったらからも厚くなりすぎて、中から割って出てこれない。

生息期間 1億5000万年前（ジュラ期後期）
全　長（一番長い部分） 13cm
化石の発見場所 アメリカ合衆国
動物グループ 恐竜

オビラプトルの卵と胎児の化石
Oviraptor egg and embryo fossils

写真は獣脚類オビラプトルの胎児の骨。ゴビ砂漠で巣の化石から見つかった卵の化石の中にあった。胎児の骨は壊れやすいが、このようにそっくり見つかると、卵の親を知る手がかりになる。

生息期間 7500万年前（白亜紀後期）
全　長 18cm
化石の発見場所 モンゴル
動物グループ 恐竜

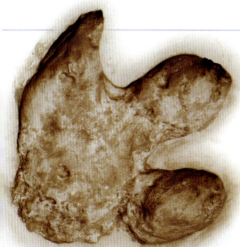

イグアノドンの足あと
Iguanodon footprint

写真は白亜紀前期の若いイグアノドンの足あと。足あとが泥の中にうまく残り、泥がかたい岩石になると、足あとも化石として保存される。足あとの大きさや形、歩幅から恐竜の種類がわかる。恐竜の大きさや、走ったり歩いたりする速さもわかる。足あとの大きさから推測された、このイグアノドンの体重は約0.5トン。

生息期間 1億3500万〜1億2500万年前（白亜紀前期）
全　長 29cm
化石の発見場所 イギリス
動物グループ 恐竜

復　　元 ふくげん

恐竜を復元するにはとてもたくさんのことを調べなければなりません。掘り返した化石をていねいに観察し、現在のは虫類と比べると、恐竜の骨格の中で骨どうしがどのようにつながり、骨と筋肉がどのように体を動かしているのかがわかります。

恐竜の骨格標本

恐竜の骨格を組み立てるときは骨のつながり方を考えるだけでなく、恐竜の姿勢も決めなければならない。いったん復元されたあとに研究が進み、骨格の配置が変わることもある。たとえば少し前まで、竜脚類は尾をひきずっていたとされていたが、現在では高く持ち上げていたと考えられている。

動かす！

コンピュータで恐竜の立体画像をつくり、動きを再現することができる。コリトサウルスの立体画像のつくり方を見てみよう。

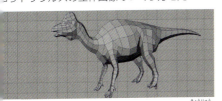

1. 科学者とコンピュータプログラマーが恐竜の骨を調べ、コンピュータを使って基本となる幾何学的な図案をつくる。このような図案をワイヤーフレームという。

2. 幾何学的な図案を、コンピュータのプログラムで数百万個の小さな区分に分ける。CG（コンピュータグラフィクス）アーティストが各区分の形を整え、立体的に肉付けする。

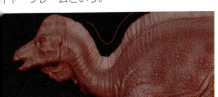

3. とさかの大きさや形など新たにわかった部分を付け加える。この段階の作業が正確な立体画像の作成に役立つ。

4. 色をつけていく作業には芸術的な創造と科学的な考察の両方が必要だ。恐竜の化石の皮ふには微小な色素胞（色素細胞）が完全に残っていることがある。科学者は色素胞を含む器官の形を手がかりに恐竜の色を推測する。

5. 解剖学の知識をもつ専門プログラマーが体の部分ごとの動き方をコンピュータに指示する。

6. 科学者は、恐竜が生きていたころの環境を考える。それをもとに CG アーティストは恐竜が動き回る背景の景色をつくる。

恐　竜 きょうりゅう

恐竜は 1 億 6000 万年以上にわたって陸上を支配していました。ハトほどの小さな恐竜や、トラックのように重そうに動く恐竜もいました。この太古の昔のは虫類の化石を調べたところ、実際の色を示す証拠が羽毛の中から見つかりました。恐竜の羽毛の多くはしま模様か明るい色でした。皮ふや羽毛、えり飾りやとさかも色とりどりだったのでしょう。今まで想像されていた色よりももっと魅力的で、ときにはどう猛にも見えました。

ジュラ紀の森 ジュラ紀、地上は樹木やシダ植物の生い茂る森でおおわれていた。森で恐竜は植物を食べたり、身をひそめたりした。

最初の恐竜

恐竜は三畳紀に現れはじめました。最初のころの恐竜は動きのすばやい動物でした。鋭い歯とかぎ爪をもち、後ろ足で歩いていました。多くは雑食性でさまざまな種類の食べ物を食べました。少しずつ進化していくにつれて、植物食恐竜と肉食恐竜に分かれました。

ヘレラサウルス
Herrerasaurus

細長くて、よくしなる首はほとんどの原始的な恐竜の特徴だ

ヘレラサウルスはもっとも原始的な恐竜のなかま。恐竜ではないは虫類の支配する世界にすんでいた。多くの原始的な恐竜と同じように太ももが短く、足首から先が長かったおかげで速く走れた。おそらくえものにすぐに追いついていたのだろう。

生息期間 2億2000万年前（三畳紀後期）
全　長 3〜6m
化石の発見場所 アルゼンチン
生息環境 森林
食べ物 動物

エオラプトル
Eoraptor

もっとも原始的な竜盤目のなかま。キツネくらいの大きさ。ハンターらしいノコギリのような歯をもっている。目は横についている。

生息期間 2億2800万年前（三畳紀後期）
全　長 1m
化石の発見場所 アルゼンチン
生息環境 森林
食べ物 トカゲ、小型のは虫類、植物

エオカーソル
Eocursor

原始的な鳥盤目。雑食性。後ろ足で速く走った。両手の鋭いかぎ爪を使って、おそらく小さな動物をつかまえていたのだろう。

生息期間 2億1000万年前（三畳紀後期）
全　長 1m
化石の発見場所 南アフリカ
生息環境 湿った森林
食べ物 植物、小型の哺乳類、は虫類

ゴジラサウルス
Gojirasaurus

肉食恐竜。名前は日本映画に登場する怪獣コジラに由来する。現在の北アメリカにあたる乾燥した地域に生息していた。アメリカ合衆国南西部一帯では捕食者の頂点にいた。

生息期間 2億1000万年前（三畳紀後期）
全　長 5〜7m
化石の発見場所 アメリカ合衆国
生息環境 低木地
食べ物 動物

最初の恐竜

獣脚類

獣脚類はすべての肉食恐竜と、多くはないですが雑食やおそらく植物食の恐竜も含みます。肉食の獣脚類には鳥によく似た小型恐竜や、巨大な頂点捕食者もいました。肉食の獣脚類は刀のような歯と鋭いかぎ爪でえものをしとめました。

ここに注目！
いろいろな形のあご

同じ獣脚類でもあごの形によってえもののつかまえ方や食べ方がちがう。

▲ バリオニクスのあごは狭く、歯の先はとがっている。魚をうまくつかまえられる。

▲ デイノニクスのあごは先端がとがっている。肉片をひきさくのに適している。

▲ ティラノサウルスはU字形の大きなあごで、大きな肉のかたまりをひきさく。

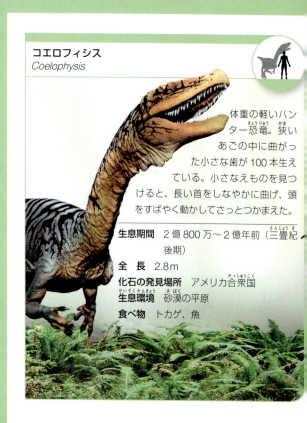

コエロフィシス
Coelophysis

体重の軽いハンター恐竜。狭いあごの中に曲がった小さな歯が100本生えている。小さなえものを見つけると、長い首をしなやかに曲げ、頭をすばやく動かしてさっとつかまえた。

生息期間 2億800万～2億年前（三畳紀後期）
全長 2.8m
化石の発見場所 アメリカ合衆国
生息環境 砂漠の平原
食べ物 トカゲ、魚

ケラトサウルス
Ceratosaurus

ケラトサウルスという名前の意味は「角のあるトカゲ」。鼻先に丸い角、両目の上にも角がある。獣脚類にはめずらしく、首から背中と尾にかけてとげのような突起が並んでいる。

生息期間 1億5000万～1億4400万年前（ジュラ紀後期）
全　長 6m
化石の発見場所 アメリカ合衆国、ポルトガル
生息環境 森林
食べ物 恐竜、ほかのは虫類

リリエンステルヌス
Liliensternus

リリエンステルヌスは三畳紀後期の陸上でもっとも大きな捕食者だった。長い後ろ足を生かして古竜脚類を追いかけた。えものにそっと近づいてからおそいかかっていたようだ。

生息期間 2億1000万年前（三畳紀後期）
全　長 5～6m
化石の発見場所 ドイツ
生息環境 森林
食べ物 恐竜

獣脚類 | 37

ディロフォサウルス
Dilophosaurus

鼻から頭にかけて板のようなとさかが二つ平行に並んでいる。このとさかは交尾相手の気を引くための飾りだったと考えられている。

生息期間 2億100万〜1億8900万年前（ジュラ紀前期）
全 長 6m
化石の発見場所 アメリカ合衆国
生息環境 川岸
食べ物 小動物、魚

モノロフォサウルス
Monolophosaurus

内部が空洞の厚いとさかが頭についている。頭骨はとても大きく、形も変わっている。とさかを使って音を出し、ライバルに警告をあたえていたようだ。

生息期間 1億8000万〜1億5900万年前（ジュラ紀中期）
全 長 6m
化石の発見場所 中国
生息環境 森林
食べ物 恐竜

クリオロフォサウルス
Cryolophosaurus

ジュラ紀前期で一番大きな獣脚類。細長い腕と長い足をもつ。南極大陸ではじめて発見された恐竜でもある。とさかは上の方で湾曲し、前を向いている。このような形のとさかはめずらしい。

生息期間 1億9000万〜1億8500万年前（ジュラ紀前期）
全　長 6.5m
化石の発見場所 南極大陸
生息環境 開けた平原
食べ物 恐竜

エルビサウルスというあだ名がある。とさかが歌手エルビス・プレスリーの髪型にそっくりだから。

バリオニクス
Baryonyx

魚を食べる獣脚類。親指または人差し指に湾曲したかぎ爪がある。現代のクマと同じように、かぎ爪でえものをひっかけつかまえていた。

生息期間 1億2500万年前（白亜紀前期）
全　長 9m
化石の発見場所 イギリス諸島、スペイン、ポルトガル
生息環境 川岸
食べ物 魚、恐竜

スコミムス
Suchomimus

バリオニクスととても近い関係にある捕食者。口先がワニのように長く、あごは細い。後ろ向きにとがった歯が100本以上生えている。歯と長い腕を使ってすべりやすいえものをつかんでいた。

前の方の歯は奥の歯よりも長い

ワニのようなあご

生息期間 1億1200万年前（白亜紀前期）
全　長 9m
化石の発見場所 アフリカ
生息環境 マングローブの茂る湿地
食べ物 魚、おそらくそのほかの動物

40 | 恐　竜

スピノサウルス
Spinosaurus

獣脚類の中では体長が長い。背中にはとげ状の骨で支えられた船の帆のような大きな突起がある。この帆は体温を調節するために使われていたようだ。

生息期間 9700万年前（白亜紀後期）
全　長 18m
化石の発見場所 モロッコ、リビア、エジプト
生息環境 熱帯の沼
食べ物 魚、恐竜

とげのような骨で支えられた帆

円すい形の大きな歯

長さ2mの骨が背中から突き出した帆はとてもりっぱだった。

アロサウルス
Allosaurus

大きな頭骨、強力なあご、長い尾をもつどう猛な捕食者。じょうぶな骨があごとナイフのような歯を支えている。アロサウルスの頭の骨格は肉をすばやく刻めるようなつくり、ティラノサウルスの場合は骨をゆっくりくだけるようなつくりになっている。

生息期間 1億5000万年前（ジュラ紀後期）

全　　長 12m

化石の発見場所 アメリカ合衆国、ポルトガル

生息環境 開けた平原

食べ物 大型の植物食恐竜

カルカロドントサウルス
Carcharodontosaurus

体重がゾウの2倍もある、巨大な獣脚類。ノコギリのような歯の生えた大きなあごでえものをしとめる。歯の特徴がホホジロザメ（学名カルカロドン）の歯に似ていたことからカルカロドントサウルスと命名された。

生息期間 1億年前（白亜紀前期）
全　長 14m
化石の発見場所 モロッコ、チュニジア、エジプト
生息環境 はんらん原、マングローブ林
食べ物 大型の植物食恐竜

ギガノトサウルス
Giganotosaurus

ティラノサウルスと同じくらいの大きさで、体重は人間125人分。体は大きいが、えものを追いかけるときは時速50kmで走っていたようだ。

生息期間 1億1200万〜9000万年前（白亜紀後期）
全　長 13m
化石の発見場所 アルゼンチン
生息環境 温暖な沼
食べ物 大型の恐竜

シンラプトル
Sinraptor

アロサウルスに近い恐竜。恐ろしいハンターだ。かんだあとの残る頭骨が見つかっていることから、なかまどうしで戦っていたようだ。

生息期間 1億6900万〜1億4200万年前（ジュラ紀中期〜後期）
全　長 7.5m
化石の発見場所 中国
生息環境 森林
食べ物 大型の植物食恐竜

骨までくだく

ナイフのような歯がずらりと
並んだ強力なあごのおかげで
タルボサウルスは
華北平原（中国の平原）で
最強の捕食者だった

タルボサウルス タルボサウルスはティラノサウルスと近い関係にある。どちらも獣脚類ティラノサウルス科のなかま。タルボサウルスはカモノハシ竜のバルスボルディアなど自分より小さな恐竜をおそって食べていた。

アルバートサウルス
Albertosaurus

やや軽めの捕食者。後ろ足は細長く、前足は小さい。走るのが速かったようだ。群れで生活し、狩りをしていたと考えられている。

生息期間　7500万年前（白亜紀後期）
全　長　9m
化石の発見場所　カナダ
生息環境　森林
食べ物　恐竜

コンプソグナトゥス
Compsognathus

ニワトリほどの大きさの捕食者。つま先で速く走り、すばやく逃げるものにらくらく追いついた。長い尾でバランスをとりながら走り、急に向きを変えることができた。

生息期間　1億5000万年前（ジュラ紀後期）
全　長　1.3m
化石の発見場所　ドイツ、フランス
生息環境　低木地、湿地帯
食べ物　トカゲ、哺乳類、小型恐竜

ティラノサウルス
Tyrannosaurus

体の長さは大型バスくらい、重さはゾウの2倍もある恐ろしい捕食者。先のとがった歯でえものの皮や筋肉をひきさき、骨までくだいた。重い体だったが3本指の後ろ足でそこそこ速く走っていた。食事のときは、小さな前足の2本のかぎ爪でえものをつかんでいたようだ。

生息期間　7000万～6500万年前（白亜紀後期）
全　長　12m
化石の発見場所　北アメリカ
生息環境　森林、沼地
食べ物　大型恐竜

映画『ジュラシック・パーク』に登場したが、ティラノサウルスが生きていたのは実は白亜紀。

グアンロング
Guanlong

頭に目立つとさかがある。名前の意味も「冠のある竜」。初期の羽毛恐竜と近い関係にある。ふわふわの羽毛が全身をおおっていた。

生息期間　1億6000万年前（ジュラ紀後期）

全　長　2.5m

化石の発見場所　中国
生息環境　森林、沼地
食べ物　恐竜、そのほかの動物

プロケラトサウルス
Proceratosaurus

これまでに頭骨の化石しか発見されていない（1910年）。とさかがある。小型で、グアンロングと近い関係にあると考えられている。

生息期間　1億7500万年前（ジュラ紀中期）

全　長　2m

化石の発見場所　イギリス諸島
生息環境　森林
食べ物　恐竜、そのほかの動物

ガリミムス
Gallimimus

名前の意味は「ニワトリもどき」だが、ニワトリよりもずっと重い。身長は人間の3倍、体重は約450kg。

生息期間 7500万〜6500万年前（白亜紀後期）
全　長 6m
化石の発見場所 カナダ
生息環境 砂漠平原
食べ物 葉、種子、昆虫、小動物

オルニトミムス
Ornithomimus

ダチョウ恐竜ともよばれるオルニトミムス科のなかま。足が速い。全速力の最中に、長くてかたい尾を使って急に向きを変えることができる。ほかの恐竜と比べるとかなり大きな脳をもつが、ダチョウよりも知能は低い。

オルニトレステス
Ornitholestes

強力な長い指でえものをしっかりつかむ

小型で軽い。足が速く、むだのない狩りをする。先端が平らな、長い前歯を使って捕食者をうまくつかまえる。

生息期間 1億5600万〜1億4500万年前（ジュラ紀後期）
全　長 2m
化石の発見場所 アメリカ合衆国
生息環境 森林
食べ物 昆虫、トカゲ、カエルなどの小動物

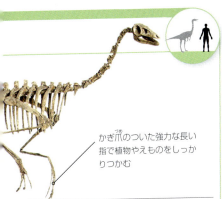

かぎ爪のついた強力な長い指で植物やえものをしっかりつかむ

生息期間 7500万〜6500万年前（白亜紀後期）
全　長 3m
化石の発見場所 アメリカ合衆国、カナダ
生息環境 沼地、森林
食べ物 植物、種子、小動物

カウディプテリクス
Caudipteryx

全身を羽毛でおおわれるが、飛べない。羽毛は飾りとして、または体温を保つために使われていたようだ。

生息期間 1億3000万〜1億2000万年前（白亜紀前期）
全　長 1m
化石の発見場所 中国
生息環境 湖岸、川岸
食べ物 植物、種子、小動物

シティパティ
Citipati

頭の上の目立つとさかはケラチンでできている。植物のほかに恐竜の卵や子どもも食べていたようだ。現代のワシと同じようにくちばしでえものをばらばらにした。

生息期間 7500万年前（白亜紀後期）
全　長 3m
化石の発見場所 モンゴル
生息環境 開けた平原
食べ物 植物、動物

トロオドンは
体に対する脳の割合
が一番大きな恐竜。

ミクロラプトル
Microraptor

恐竜の中ではもっとも小柄な部類に入る。4本の足に鳥のような長い羽が生えている。鳥は羽の生えた翼をはためかせて空を飛ぶが、ミクロラプトルの翼は体重を支えられるほど大きくないので、枝から枝へ滑空しかできない。滑空してえものをさがしたり、捕食者から逃れたりしていたと思われる。

生息期間　1億3000万〜1億2500万年前（白亜紀前期）
全　長　1m
化石の発見場所　中国
生息環境　森林
食べ物　小型哺乳類、トカゲ、昆虫

トロオドン
Troodon

恐竜にしてはとても大きな脳と、前を向いた鋭い目を使って上手に狩りをする。目が前を向いているのでえものまでの距離を正確にはかってから飛びかかっていた。強くて細長い後ろ足で走り、ほとんどの小動物に追いついていた。

生息期間 7400万〜6500万年前（白亜紀後期）
全長 3m
化石の発見場所 北アメリカ
生息環境 森林
食べ物 小動物、おそらく植物

ヴェロキラプトル
Velociraptor

オオカミくらいの大きさの獣脚類。長いかぎ爪のついた前足でえものをしっかりつかみ、息の根を止める。映画『ジュラシック・パーク』にも登場した、よく知られた恐竜。

生息期間 8500万年前（白亜紀後期）
全長 2m
化石の発見場所 モンゴル
生息環境 低木地、砂漠
食べ物 トカゲ、哺乳類、小型恐竜

デイノニクス
Deinonychus

恐ろしい捕食者。後ろ足のかぎ爪がとても大きいことで知られている。鎌の形のかぎ爪で、えもののどや腹部をかききっていたようだ。

生息期間 1億1500万〜1億800年前（白亜紀前期）
全長 3m
化石の発見場所 アメリカ合衆国
生息環境 沼地、森林
食べ物 小型恐竜

シティパティの化石の多くは巣の中で卵を抱きかかえていた。
まるで鳥が卵を温めているような姿だ

シティパティ オビラプトロサウルス類というグループに含まれる。オビラプトロサウルス類はオウムのようなくちばしをもち、体は羽毛でおおわれている。カウディプテリクスとオビラプトルも同じグループのなかま。

原始的な鳥類

最初の鳥類は羽毛でおおわれた小型の恐竜でした。歯と、骨のある長い尾をもち、飛翔筋はあまり発達していませんでした。長い時間がたつうちに尾は短くなり、筋肉は発達し、骨格は軽くなりました。

ここに注目！
羽　毛
原始的な鳥類には、いとこ（現代の鳥類）にはない特徴がたくさんあった。

アーケオプテリクス（始祖鳥　しそちょう）
Archaeopteryx

弱い飛翔筋と尾の骨から、かろうじて飛べたが、上手ではなかったことがわかる。長い間、最初の鳥類とされていた。現在ではシャオティンギアという獣脚類が原始的な鳥類ともっと近い関係にあると考えられている。

生息期間　1億5000万年前（ジュラ紀後期）
全　長　30cm
化石の発見場所　ドイツ
生息環境　森林、湖
食べ物　昆虫、は虫類

▲ 前足の指にはかぎ爪がついていた。原始的な鳥類はかぎ爪を使って木に登っていた。

▲ 原始的な鳥類の尾は長く、は虫類の尾に似ていた。現代の鳥類のかたまりのような短い骨とはちがう。

▲ 原始的な鳥類にはいかにも獣脚類らしい歯が生えていた。現代の鳥類に歯はない。

イクチオルニス
Ichthyornis

カモメほどの大きさの海鳥。現代の鳥類と同じ大きな竜骨突起（胸骨から伸びている骨）があり、ここで飛翔筋をつないでいた。かご形の肋骨をもつ点も現代の鳥類と同じ。とはいうもののまだ原始的で、鋭い、小さな歯をもっていた。

鋭い歯が生えた長いくちばし

かぎ爪のある足

生息期間 9000万〜7500万年前（白亜紀後期）
全　長 60cm
化石の発見場所 アメリカ合衆国
生息環境 海岸
食べ物 魚

ヴェガヴィス
Vegavis

現代のカモやガチョウと遠いつながりがある。ヴェガヴィスの発見により、白亜紀にすでに現代の鳥類につながる進化をとげていたグループがいたことがわかった。

生息期間 6500万年前（白亜紀後期）
全　長 60cm
化石の発見場所 南極大陸
生息環境 海岸
食べ物 水生植物

水かきのある足

原始的な鳥類

古竜脚類

古竜脚類は竜脚類よりも早く三畳紀に現れました。小型の肉食恐竜から進化した植物食恐竜です。竜脚類とは近い関係にあります。時間が経つにつれて背は高く、体重は重くなりました。長い首と強い後ろ足をいかして高い木の葉も食べていました。前足には親指を含む指がありました。

ここに注目！
特徴
どの古竜脚類にも共通する特徴がある。

▲かぎ爪のついた大きな親指。植物をかき集めるために使っていた。

▲高さのある口先部分（ほほ）と細長いあご。

▲葉の形をした小さな歯。かたい茎を簡単に切ることができた。

エフラアシア
Efraasia

頭は小さく、首は長い。前足は5本指。大きな親指にはかぎ爪がついていた。4本の足で歩きながら葉を食べていたが、走るときは後ろ足を使っていたようだ。

生息期間　2億1000万年前（三畳紀後期）
全　長　6〜7m
化石の発見場所　ドイツ
生息環境　乾燥した平原
食べ物　植物、おそらく動物

テコドントサウルス
Thecodontosaurus

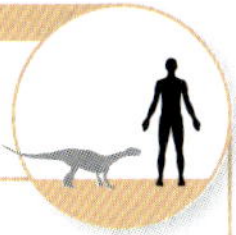

葉の形をしためずらしい歯がノコギリのよう並んでいた。現代のオオトカゲの歯と似ているが、テコドントサウルスの歯は穴（歯槽）の中におさまっていた。名前の意味は「歯槽のあるトカゲ」。

生息期間　2億2500万〜2億800万年前（三畳紀後期）
全　長　2m
化石の発見場所　イギリス諸島
生息環境　島の森林
食べ物　植物、おそらく動物

長い首
短い前足

アンキサウルス
Anchisaurus

竜脚類よりも早く現れた、竜脚類のいとこ。頭骨は軽く、背骨はしなやかに曲がる。口先の幅は狭く、上あごには先のとがった歯が生えていた。雑食性で、葉といっしょに小さなは虫類も食べていたようだ。

生息期間　1億9000万年前（ジュラ紀前期）
全　長　2m
化石の発見場所　アメリカ合衆国
生息環境　森林
食べ物　葉、小型のは虫類

かぎ爪

古竜脚類

プラテオサウルス
Plateosaurus

よく知られた古竜脚類。カンガルーのように後ろ足でまっすぐ立ち、前足を伸ばして木の葉をとっていたようだ。鋭い歯でかたい葉柄を切っていた。

生息期間 2億2000万〜2億1000万年前（三畳紀後期）
全 長 8m
化石の発見場所 ドイツ、スイス、ノルウェー、グリーンランド
生息環境 開けた平原
食べ物 葉、植物

レーフェンゴサウルス
ufengosaurus

前足の親指には大きなかぎ爪がついていた。葉を食べるときにかぎ爪で枝をつかんでいたようだ。すき間のあいた、ナイフのような歯で枝から葉をかき集めた。

生息期間 2億～1億8000万年前（ジュラ紀前期）
全　　長 5m
化石の発見場所 中国
生息環境 森林
食べ物 植物（ソテツや針葉樹の葉を含む）

マッソスポンディルス
Massospondylus

化石から、たる形の体に長い尾がついていたことがわかる。大きなかぎ爪のある親指を含む5本指の前足を使って枝や茎をちぎっていたようだ。すき間のあいた小さな歯で肉もかんでいた。

生息期間 2億～1億8300万年前（ジュラ紀前期）
全　　長 4～6m
化石の発見場所 南アフリカ
生息環境 森林
食べ物 植物、動物

竜脚類

竜脚類は史上最大の陸上動物です。重そうな大きな体に長い首と尾、柱のような足、その割には小さな頭がついていました。竜脚類は群れで生活し、4本の足で歩いていました。

ここに注目！
足あと
世界中で竜脚類の足あとが見つかっている。

ディプロドクス
Diplodocus

尾の長さが体全体の半分もある。もっとも体長の長い恐竜の一種。首を持ち上げて高い木の上の部分を食べていたという説と、頭を左右にふって低い木を食べていたという説がある。

生息期間 1億5000万〜1億4500万年前（ジュラ紀後期）
全　　長 30〜33.5m
化石の発見場所 アメリカ合衆国
生息環境 平原
食べ物 植物

尾の骨は先へいくほど細い

尾をとても速く動かし、むちのような音を立て捕食者をおどかしていたようだ。

◀ 1997年、オーストラリアのブルームの海岸近くで泥の化石の中から竜脚類の足あとが発見された。

◀ アメリカ合衆国、コロラド州パーガトワール川の近くで恐竜の歩いた足あとが100個以上見つかっている。竜脚類のものもある。

アパトサウルス
Apatosaurus

ブロントサウルスともいう。植物食の巨体だが、竜脚類の中では体長は短く、足が太い。現代のゾウのように、食べ物をさがすために木を倒していたようだ。

生息期間	1億5000万年前（ジュラ紀後期）
全 長	23m
化石の発見場所	アメリカ合衆国
生息環境	森林
食べ物	植物

長くて複雑な首の骨で頭を支えていた

成長したアパトサウルスの体重はゾウ4頭分にもなった。

竜脚類

バロサウルス
Barosaurus

長さ9.5mの首は木の一番上の葉にらくに届いたので、ほかの恐竜よりも有利だった。くぎのような形の歯で枝から簡単に葉を集めることができた。

生息期間 1億5500万〜1億4500万年前（ジュラ紀後期）
全　長 28m
化石の発見場所 アメリカ合衆国
生息環境 森林、平原
食べ物 植物

現代のウシのように腸に細菌がいて、消化を助けていたようだ。

アマルガサウルス
Amargasaurus

首から尾にかけて2列のとげが並んでいた。とげととげの間には皮ふの膜があり船の帆のようになっていた。飾りに使われていたようだ。

生息期間 1億3000万年前（白亜紀前期）
全　長 11m
化石の発見場所 アルゼンチン
生息環境 森林
食べ物 植物

ディクラエオサウルス
Dicraeosaurus

首から背にかけてとげ状の骨が並び、尾根のような隆起をつくっていた。飾りや防御、体温調節のために使われたようだ。

生息期間 1億5000万年前（ジュラ紀後期）
全　　長 12m
化石の発見場所 タンザニア
生息環境 森林
食べ物 植物

ヴルカノドン
Vulcanodon

名前の意味は「火山の歯」。火山の近くの岩石の中から化石が発見されたことにちなむ。ほかの竜脚類と同じくゾウのような足は短く、上手に走れなかった。

生息期間 2億800万〜2億100万年前（三畳紀後期）
全　　長 7m
化石の発見場所 ジンバブエ
生息環境 森林、平原
食べ物 植物

竜脚類

バロサウルスは15mの高さの木の葉を食べた。**4階建てのビル**の屋上くらいの高さだ

バロサウルス

ディプロドクスと近い関係にあるバロサウルスは長い首をもつ。15個の頸椎（首の骨）の中には長さ1mをこえる骨もあった。群れで生活し、食べ物をさがしてジュラ紀の森を移動していた。

ティタノサウルス
Titanosaurus

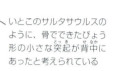

いとこのサルタサウルスのように、骨でできたびょう形の小さな突起が背中にあったと考えられている

ティタノサウルスは足の化石しか発見されていない。小さな頭、短い首、たる形の胴体をもつ竜脚類らしい体だったと考えられている。ところが、この足の骨はほかの恐竜のもので、ティタノサウルスという種は存在しなかったという考えもある。

生息期間 8000万〜6500万年前（白亜紀後期）
全　長 12〜18m
化石の発見場所 アジア、ヨーロッパ、アフリカ
生息環境 森林、平原
食べ物 植物

サルタサウルス
Saltasaurus

おおかたの竜脚類よりも小さかったが、大きな捕食者から身を守るために骨でできた板やびょう形の小さな突起で背中をおおっていた。竜脚類の中では首は短い方だった。竜脚類にはめずらしく前足にかぎ爪がなかった。

生息期間 8000万〜6500万年前（白亜紀後期）
全　長 12m
化石の発見場所 アルゼンチン
生息環境 森林、開けた平原
食べ物 植物

アルゼンチノサウルス
Argentinosaurus

史上最大級かつ最重量級の陸上動物。体長はテニスコートよりも長く、体重はゾウの20倍だった。

生息期間 1億1200万〜9500万年前（白亜紀前期）
全　　長 33〜41m
化石の発見場所 アルゼンチン
生息環境 森林、開けた平原
食べ物 針葉樹

マメンチサウルス
Mamenchisaurus

とてつもなく長い首をもつ。19個の長い骨で首を自由に動かし、やすやすと食べ物を手に入れていた。小さな頭は先がとがっていた。名前は化石が発見された中国の村にちなむ。

生息期間　1億5500万〜1億4500万年前
　　　　　（ジュラ紀後期）
全　長　26m
化石の発見場所　中国
生息環境　川岸、森林、開けた平原
食べ物　木、そのほかの植物

ブラキオサウルス
Brachiosaurus

長い首を使って高さ15m以上の木の葉を食べていた。キリンが届く高さの2倍くらいだ。スプーンのような形の歯で葉を切りとり、1日になんと200kgも食べていた。

生息期間 1億5000万〜1億4500万年前（ジュラ紀後期）

全　　長 23m

化石の発見場所 アメリカ合衆国、タンザニア

生息環境 森林、平原

食べ物 針葉樹の葉と枝

体重はアフリカゾウ12頭分と同じくらい、30〜50トン。想像もつかない重さだ。

竜脚類 | 69

カマラサウルス
Camarasaurus

名前の意味は「空洞のあるトカゲ」。肺につながる骨の中に空気をためこむ大きな空間があるからだ。骨に空間があることでカマラサウルスの体重は軽くなった。

生息期間 1億5000万〜1億4000万年前（ジュラ紀後期）
全　　長 18m
化石の発見場所 アメリカ合衆国
生息環境 開けた平原
食べ物 木の葉

シュノサウルス
Shunosaurus

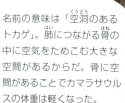

しなやかに動く短い首

すべての骨の化石が見つかっているので、完全な全身骨格をもとに研究が進められている。下あごの半分に左右それぞれ25〜26本の歯がある。ほかのどの竜脚類よりも多い。

生息期間 1億7000万〜1億6000万年前（ジュラ紀中期）
全　　長 12m
化石の発見場所 中国
生息環境 開けた平原
食べ物 植物

ネメグトサウルス
Nemegtosaurus

サルタサウルスと近い関係にある。1970年代に頭骨の化石が1個発見された以外、何も見つかっていない。名前はモンゴル、ゴビ砂漠のネメグト盆地にちなむ。

生息期間	8000万〜6500万年前（白亜紀後期）
全長	15m
化石の発見場所	モンゴル
生息環境	森林
食べ物	植物

剣竜類となかま

ここに注目!
大きくなった骨
剣竜類の骨は部位によってはたらきがちがっていた。

おそいかかってくる獣脚類に対抗するために進化して、皮ふの上に構造物をつけるようになった恐竜がたくさんいました。剣竜類も背中に板やとげが並んでいました。ジュラ紀の森の中でひときわ目立つ姿だったにちがいありません。

▲背中の板は求愛のための飾りだったようだ。また体の熱を逃がして体温調節するためにも使われていたようだ。

▲尾にある、先のとがった長いとげは、後ろや横からおそってくる捕食者から身を守るために使われた。

スクテロサウルス
Scutellosaurus

原始的な鳥盤目で、剣竜類と近い関係にある。体重は軽く、皮ふにはびょうの形をした小さな骨板が数百個ついていた。

生息期間	1億9600万年前（ジュラ紀前期）
全　長	1m
化石の発見場所	アメリカ合衆国
生息環境	森林
食べ物	植物

ステゴサウルス
Stegosaurus

剣竜類の中でもっとも大きい。もりあがった背中にそって菱形の平らな板がたがいちがいに2列に並んでいた。板は皮ふにくっついていて、おそらくケラチン(角や爪をつくる物質)でおおわれていたようだ。前足が後ろ足よりも短かったので、肩よりもお尻を高くして歩いた。背骨は高さがあり、全体的に背の高い弓なりの姿をしていた。

生息期間 1億5000万～1億4500万年前(ジュラ紀後期)

全 長 9m

化石の発見場所 アメリカ合衆国、ポルトガル

生息環境 森林

食べ物 植物

名前の意味は「屋根をもつトカゲ」。発見当時は、板が屋根瓦のように背中をおおっていると考えられたため。

スケリドサウルスの頭から尾にかけては、骨でできたびょう形の突起やとげが並んでいた。捕食者の歯といえども折れていたことだろう

スケリドサウルス スケリドサウルスはジュラ紀前期に生きていた。スクテロサウルス（p. 72）と同じ原始的な装盾類のグループに含まれる。骨でできたよろいはケラチン（爪や角をつくる物質）でおおわれている。

タンザニアの化石産地ではケントロサウルスの骨が900個以上発見されている。

フアヤンゴサウルス
Huayangosaurus

ほとんどの剣竜類は後ろ足が長く前足が短い。ところがフアヤンゴサウルスは4本とも同じ長さ。短くて幅の広い口先の上あごの前の方に歯があるという点ではあとに続く種とも異なる。

生息期間 1億6500万年前（ジュラ紀中期）
全　長 4m
化石の発見場所 中国
生息環境 川の流域
食べ物 シダ類、葉、ソテツの実

ケントロサウルス
Kentrosaurus

植物食恐竜。首と背中に並ぶ7枚の骨板は飾りとして使われていたようだ。捕食者におそわれると尾をはげしくふり、長いとげで相手に傷を負わせた。

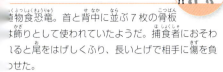

生息期間	1億5600万〜1億5000万年前（ジュラ紀後期）
全　長	5m
化石の発見場所	タンザニア
生息環境	森林
食べ物	植物

トウジャンゴサウルス
Tuojiangosaurus

ステゴサウルスととても近い関係にある。長くて狭い口先、くちばしのようなあご、尾のとげはほかの剣竜類にも共通する特徴だ。

生息期間	1億6000万〜1億5000万年前（ジュラ紀後期）
全　長	7m
化石の発見場所	中国
生息環境	森林
食べ物	植物

剣竜類となかま

ノドサウルス類

装盾類に含まれるノドサウルス類はジュラ紀に現れました。ノドサウルス類の皮ふはよろい（骨でできた板やとげ）でおおわれていました。よろいはおもに身を守るために使われましたが、飾りやライバルとの戦いでもだいじな役割をはたしました。

ガストニア
Gastonia

足がとても短い。体は重く、背と尾には厚い骨板がついている。骨板の多くは先が伸びてナイフ形の突起になっている。鋭い突起のある尾で捕食者に大きな傷を負わせた。頭骨の上の部分はとくに厚い。オスはなわばりをめぐって頭突き競争をしていたようだ。

生息期間 1億2500万年前（白亜紀前期）
全 長 4m
化石の発見場所 アメリカ合衆国
生息環境 森林
食べ物 植物

エドモントニア
Edmontonia

肩にある矢のようにとがった突起で捕食者を突いて追いはらっていた。なかまどうしでなわばりやメスをめぐって戦うときにも矢のような突起を使っていたようだ。

生息期間 7500万〜6500万年前（白亜紀後期）
全 長 7m
化石の発見場所 北アメリカ
生息環境 森林
食べ物 背の低い植物

サウロペルタ
Sauropelta

首にある大きなとげで、デイノニクス（p. 51）などの捕食者から身を守った。背中から尾にかけて厚い板が盾のようにおおう。名前の意味は「盾をもつトカゲ」。

生息期間　1億2000万〜1億1000万年前（白亜紀前期）
全　長　5m
化石の発見場所　アメリカ合衆国
生息環境　森林
食べ物　植物

ガーゴイレオサウルス
Gargoyleosaurus

ほとんどの装盾類とはちがって、上あごの前の方に7本の円すい形の歯がある。この歯を使って葉や茎を簡単にひきちぎっていたようだ。背中には骨板がずらりと並び、頭とほほからは三角形の角が突き出ていた。

生息期間　1億5500万〜1億4500万年前（ジュラ紀後期）
全　長　4m
化石の発見場所　アメリカ合衆国
生息環境　森林
食べ物　背の低い植物

曲竜類

装盾類に含まれる曲竜類は白亜紀に登場しました。ノドサウルス類とはちがい、幅の広い三角形の頭がよろいでおおわれ、体の両わきには長いとげがありませんでした。多くは尾の先がハンマーのように太くなっていました。中には捕食者に深い傷を負わせるほどがんじょうなかたまりを尾の先につけた曲竜類もいました。

アンキロサウルス
Ankylosaurus

もっとも大きな曲竜類。頭から尾まで骨板でおおわれている。まぶたにも小さな骨板がついていた。尾の先の骨板はくっつき、長くて重いハンマーの形をしていた。骨をくだくほどの力で、獣脚類めがけて尾をふっていた。

生息期間　7000万〜6500万年前（白亜紀後期）
全　長　6m
化石の発見場所　北アメリカ
生息環境　森林
食べ物　植物

背中をおおう骨板

ハンマー形の尾の先

ミンミ
Minmi

小柄な曲竜類。背骨に沿ってさらに骨があり、背中の筋肉を支えていたようである。葉の形をした小さな歯と鋭いくちばしをもっていた。

生息期間 1億2000万〜1億1500万年前（白亜紀前期）

全　長 3m

化石の発見場所 オーストラリア

生息環境 森林、開けた平原

食べ物 葉、種子、果実

エウオプロケファルス
Euoplocephalus

ハンマー形の太い尾をもつ。体は重かったが、強力な足でかなり速く走ることができた。よろい、速い足、尾のハンマーという三つの武器で捕食者に向かっていた。

生息期間 7000万〜6500万年前（白亜紀後期）

全　長 6m

化石の発見場所 北アメリカ

生息環境 森林

食べ物 植物

エウオプロケファルスをおそう

捕食者（ほしょくしゃ）は、**長くて重いハンマー形の尾（お）**をうまくかいくぐったとしても、首と背中（せなか）をおおうとげにてこずった

エウオプロケファルス 白亜紀後期（はくあき）、エウオプロケファルスは巨大（きょだい）な捕食者（はしょくしゃ）（たとえば獣脚類（じゅうきゃくるい）のゴルゴサウルス）をかわさなければならなかった。エウオプロケファルスの尾の先端（せんたん）は骨（ほね）がくっついてハンマーの形をしている。このハンマーで相手に深い傷（きず）を負わせた。

鳥脚類

鳥盤目はくちばしの短い、植物食恐竜です。鳥脚類は鳥盤目に含まれます。鳥脚類の中には植物をかんでどろどろにしてから食べていた恐竜がいました。多くは群れをつくり、２本足で歩いていましたが、中には４本足で歩く大きな鳥脚類もいました。

ここに注目！
多様性
鳥脚類にはたくさんの種類がいた。

▲ヒプシロフォドン類のなかま。体は小さく、２本足でとても速く走る。植物食。

▲イグアノドン類のなかま。ウマのような顔をしている。体は小さなものから巨大なものまでさまざま。

▲ハドロサウルス類のなかま。カモに似たくちばしをもつ。別名カモノハシ竜。

ヘテロドントサウルス
Heterodontosaurus

３種類の歯以外は、いかにも植物食の鳥盤目らしい姿の恐竜。鋭い前歯で葉をかみ切り、すき間なくつまった奥歯でかむ。先のとがった牙のような歯は身を守るために使われていたようだ。

生息期間 ２億〜１億9000万年前（ジュラ紀前期）
全　長 1m
化石の発見場所 南アフリカ
生息環境 低木地
食べ物 植物、塊茎、おそらく昆虫

骨でできたくちばしで葉をかみ切っていた

レソトサウルス
Lesothosaurus

七面鳥ほどの大きさの鳥脚類。すばやく動いて捕食者から逃げていたようだ。大きな目が頭の横にあり、広い範囲を見わたして危険を察知できた。

生息期間 2億～1億9000万年前（ジュラ紀前期）

全　長 1m

化石の発見場所 南アフリカ

生息環境 砂漠

食べ物 葉、おそらく動物や昆虫の死体

ドライオサウルス
Dryosaurus

小型の鳥脚類。ドライオサウルス類の中で一番よく知られている。とても速く走った。じゃまな物をよけたり、捕食者から逃げるために急に向きを変えるときは尾を左右に軽くふったようだ。

生息期間 1億5500万～1億4500万年前（ジュラ紀後期）

全　長 3m

化石の発見場所 アメリカ合衆国

生息環境 森林

食べ物 葉、芽

レアエリナサウラ
Leaellynasaura

体の小さな鳥脚類。オーストラリアに生息していた。白亜紀のオーストラリアは現在よりも南極に近かった。冬が長く、何日も日光の届かない日をすごしていた。

生息期間 1億500万年前(白亜紀前期)

全 長 2m

化石の発見場所 オーストラリア
生息環境 森林
食べ物 植物

テノントサウルス
Tenontosaurus

頭骨は幅が狭く深い。太い骨のとおる尾はかたかった。小型の獣脚類デイノニクスの群れによくおそれていたようだ。テノントサウルスの骨といっしょにデイノニクスの歯が見つかっている。テノントサウルスは倒される前に抵抗していたようだ。

生息期間 1億1500万〜1億800万年前(白亜紀前期)

全 長 7m

化石の発見場所 アメリカ合衆国
生息環境 森林
食べ物 植物

ヒプシロフォドン
Hypsilophodon

足あと化石から、現代のシカのように群れで生活し移動していたことがわかる。長い足とかたい尾をうまく使い、すばやく走った。後ろ足だけで走り、尾でバランスをとって捕食者から逃げていた。

生息期間 1億2500万〜1億2000年前(白亜紀前期)

全 長 2m

化石の発見場所 イギリス、スペイン
生息環境 森林
食べ物 植物

5本指

長く細い後ろ足

足には先のとがった長いかぎ爪がついていた。ひとけりで相手を傷つけることができた。

ムッタブラサウルス
Muttaburrasaurus

鼻に大きな空洞がある。鳴き声を出していたようだ。あるいは吸いこんだ冷たい空気を暖めていたのかもしれない。眼窩の下のがんじょうな頭骨のおかげで、かたい植物を食いちぎりかむことができた。

中が空洞の骨のこぶ

生息期間 1億〜9800万年前（白亜紀前期）
全 長 8m
化石の発見場所 オーストラリア
生息環境 森林
食べ物 植物

鳥脚類 | 87

レソトサウルスは
ガゼルのような体形をしていた。
同じ時代のどっしりした捕食者を
かわしてさっと逃げることができた

レソトサウルス ジュラ紀前期の、もっとも原始的な鳥脚類の一種。走るのが速かった。上の図はワニに似た捕食者スフェノスクスから逃げているところ。レソトサウルスの歯は矢じりの形をしていた。背の低い植物を食べていたようだ。

ラブドドン
Rhabdodon

1869年に発見されたが、ヒプシロフォドン類のなかまか、イグアノドン類のなかまか、まだはっきりしていない。体は横に幅広く、どっしりした太いあごの骨と丸い歯をもつ。

生息期間 7500万年前（白亜紀後期）
全　長 3.7m
化石の発見場所 オーストリア、フランス、ルーマニア、スペイン
生息環境 森林
食べ物 植物

カンプトサウルス
Camptosaurus

イグアノドン類のなかま。どっしりした胴に、ウマに似た長い顔がついている。顔の先にはくちばしがある。前足の親指はとげのようにとがっていた。4本の足で歩くときは前足の中指で体重を支えた。

生息期間 1億5500万〜1億4500万年前（ジュラ紀後期）
全　長 5m
化石の発見場所 アメリカ合衆国
生息環境 森林
食べ物 背の低い草、低木

イグアノドン
Iguanodon

長いあごには、現代のイグアナに似た葉の形の歯が生えていた。ほとんどの時間を四足歩行ですごし、地面の植物をついばんでいた。木から食べるときは後ろ足で立ち上がり、後ろ足の強い中指で体重を支えた。1825年にメガロサウルスに次いで2番目に恐竜として認められた。

生息期間 1億3500万〜1億2500万年前（白亜紀前期）
全　長 9〜12m
化石の発見場所 ベルギー、ドイツ、フランス、スペイン、イギリス
生息環境 森林
食べ物 植物

マイアサウラ
Maiasaura

アメリカ、モンタナ州の恐竜の化石産地には、お椀形の巣の化石がたくさんある。巣と巣の距離はとても近く、この場所は親が子を育てる営巣地だったと考えられている。現代の海鳥と同じだ。名前の意味は「よいお母さんトカゲ」。

生息期間 8000万〜7400万年前（白亜紀後期）
全　長 9m
化石の発見場所 アメリカ合衆国
生息環境 海岸平野
食べ物 葉

ハドロサウルス
Hadrosaurus

歯の生えていないくちばしで植物から小枝や葉をひきちぎっていた。口の奥にはとがっていない歯が数百本あり、食べ物をすりつぶしてどろどろにした。

生息期間 8000万〜7400万年前（白亜紀後期）
全　長 9m
化石の発見場所 北アメリカ
生息環境 森林
食べ物 葉、小枝

コリトサウルス
Corythosaurus

ハドロサウルス類（カモノハシ竜）。名前は古代ギリシアの都市コリントに由来する。コリントの兵士がかぶっていたヘルメットととさかの形が似ているから。とさかを使ってトロンボーンのような大きな低音を出し、群れのなかまをよんでいたようだ。

生息期間 7600万〜7400万年前（白亜紀後期）
全　長 9m
化石の発見場所 カナダ
生息環境 森林、沼地
食べ物 マツの葉、種子

ランベオサウルス
Lambeosaurus

池の水を飲もうとしている姿に復元された骨格

手おの形のとさか

長い恥骨(骨盤の一部)

ハドロサウルス類（カモノハシ竜）。空洞のあるとさかは成長するにしたがって形を変える。とさかでなかまを見分けていたようだ。オスはメスをとさかで誘っていたのかもしれない。

生息期間 7600万～7400万年前（白亜紀後期）
全　長 9～15m
化石の発見場所 カナダ
生息環境 森林
食べ物 高くない位置の葉、果実、種子

エドモントサウルス
Edmontosaurus

広いくちばしをもつハドロサウルス類(カモノハシ竜)。くちばしで食いちぎった葉を、ほほにある1000本以上の小さな歯ですりつぶしてどろどろにした。ほかのカモノハシ竜と同じく前足よりも後ろ足の方が長かったが、ほとんどの時間を四足歩行ですごした。

生息期間 7500万〜6500万年前（白亜紀後期）

全　長 13m

化石の発見場所 アメリカ合衆国、カナダ

生息環境 沼地

食べ物 植物

カモのような
くちばし

ブラキロフォサウルス
Brachylophosaurus

長方形の頭骨をもつ。頭には平らで櫂の形をした、骨でできたとさかがあった。メスよりもオスの方がとさかの幅が広く、体は重かった。

生息期間 7650万年前（白亜紀後期）

全　長 9m

化石の発見場所 北アメリカ

生息環境 森林

食べ物 シダ類、花をつける植物、針葉樹

パラサウロロフス
Parasaurolophus

頭の上の管のようなとさかがとても目立つ。とさかの中の空洞は鼻までつながっている。とさかを使ってトランペットのような大きな音を出し、群れのなかまをよんでいたようだ。

生息期間 7600万〜7400万年前（白亜紀後期）

全　長 9m

化石の発見場所 北アメリカ

生息環境 森林

食べ物 マツの葉、種子

鳥脚類

堅頭竜類

パキケファロサウルス類は恐竜の中では最後の方に現れました。頭骨の上部が厚いドーム状になっていることから堅頭竜類ともよばれます。溝の入った、数種類の小さな歯で葉などの植物を細かく刻んでいました。

ステゴケラス
Stegoceras

植物を食べていた。目の粗いノコギリのような歯で葉をひきちぎり、かんでいたようだ。頭骨の上部はドーム形。後部はたな板のようにはりだし、とげやこぶでおおわれている。

生息期間 7750万〜7400万年前
（白亜紀後期）

全　長 2m

化石の発見場所 カナダ

生息環境 森林

食べ物 葉、果実

ドーム形の頭頂部と骨でできたたな板部分

頭骨の形はオートバイのヘルメットに似ている。厚さは約9cm。

パキケファロサウルス
Pachycephalosaurus

厚い頭骨は骨でできたとげの冠でぐるりと飾られている。鼻のまわりとほほにもとげがある。頭飾りのはたらきはまだわかっていない。ライバルと頭突きをしていたかもしれないし、異性を誘っていたのかもしれない。口の中には両横に葉の形をした歯、前方に牙のような歯、下あごに円すい形の歯があった。

生息期間 6500万年前（白亜紀後期）
全　長 5m
化石の発見場所 北アメリカ
生息環境 森林
食べ物 植物、やわらかい果実、種子

堅頭竜類 | 97

角竜類

角竜類は植物食恐竜でしたが、長い角と大きなえり飾りをつけていたのでとても恐ろしい恐竜のように見えました。北アメリカとアジアの森林や平原で群れをつくり生活していました。

ここに注目！
角
小さなこぶが進化して恐ろしい武器になった。

▲ 原始的な角竜類（たとえばプシッタコサウルス）のほほには骨でできた小さな角のような突起があった。

▲ セントロサウルスの鼻の上には大きな角が出ていた。身を守るために使われた。

▲ トリケラトプスの目の上の角は相手をおどすだけでなく、武器としての役目もはたした。

プシッタコサウルス
Psittacosaurus

原始的な角竜類のなかま。強い後ろ足をもち、2本の足だけで速く走ることができたようだ。

生息期間 1億2000万～1億年前（白亜紀前期）
全　長 2m
化石の発見場所 中国、モンゴル
生息環境 砂漠、低木地
食べ物 植物

眠っているプシッタコサウルス

プロトケラトプス
Protoceratops

体は小さく、幅広の足にすきの形の大きなかぎ爪がついていた。砂漠の太陽をさけるために穴を掘っていたようだ。

生息期間　7400万〜6500万年前
　　　　　　（白亜紀後期）
全　長　1.8m
化石の発見場所　モンゴル
生息環境　砂漠
食べ物　砂漠の植物

トリケラトプス
Triceratops

体重は10トントラックほど。体つきは現代のサイに似ている。ティラノサウルスのかみあとのついたトリケラトプスの頭骨が発見されている。両者間ではげしい戦いが繰り広げられたのだろう。

生息期間　7000万〜6500万年前（白亜紀後期）
全　長　9m
化石の発見場所　北アメリカ
生息環境　森林
食べ物　森林の植物

ペンタケラトプス
Pentaceratops

大きな頭がとても目立つ。化石のかけらをつなぎあわせて復元した頭骨には長さ3mをこえるものもある。陸上動物の頭骨の中では史上最長だ。顔には5本の角が生えている。鼻の上に1本、目の上に湾曲した角が2本、ほほに小さな角が2本。

生息期間 7600万〜7400万年前（白亜紀後期）
全　長 6.5m
化石の発見場所 アメリカ合衆国
生息環境 森林
食べ物 植物

目の模様がえり飾りの効果をいっそうあげていたかもしれない

カスモサウルス
Chasmosaurus

肩まですっぽりかぶる大きなえり飾りがよく目立つ。えり飾りの真ん中には穴があいていた。その上を明るい色の皮ふがおおい、異性をひきつけた。敵や捕食者をびっくりさせるときはえり飾りをまっすぐ立てた。

生息期間 7400万〜6500万年前（白亜紀後期）
全　長 5m
化石の発見場所 北アメリカ
生息環境 森林
食べ物 ヤシ、ソテツ

エイニオサウルス
Einiosaurus

鼻の上の角がほかの角竜類とはちがう。子どものときはまっすぐだが、成長とともにだんだん前に曲がってくる。群れで暮らし、若い草を求めてあちらこちらを移動していた。

生息期間 7400万〜6500万年前（白亜紀後期）
全　長 6m
化石の発見場所 アメリカ合衆国
生息環境 森林
食べ物 植物

スティラコサウルス
Styracosaurus

えり飾りに、さらに6本の角の縁飾りがついている。オスの角にはメスをひきつける飾りとしての役割があった。角が長い方がより魅力的に見えた。白亜紀の森の植物を食べてすり減った歯は、次々と成長してくる新しい歯と入れかわった。

生息期間 7400万〜6500万年前（白亜紀後期）
全　長 5.2m
化石の発見場所 北アメリカ
生息環境 開けた森林地帯
食べ物 シダ類、ソテツ

角の長さは60cmにもなった

6本の角はえり飾りで支えられていた

角竜類 | 101

恐竜の隣人たち

きょうりゅうの
りんじんたち

中生代の陸にいたのは恐竜だけではありませんでした。たくさんの種類の生物がいっしょに暮らしていました。隣人だったのは恐竜以外の主竜類、リンコサウルス類、キノドン類、原始的な哺乳類など。体の大きさは、トガリネズミに似た小さな哺乳類エオマイアから恐竜ほどもあり二足歩行をしていた主竜類ポストスクスまでさまざまでした。

エッフィギア エッフィギアなど主竜類の多くは恐竜と似ている。だが主竜類とより近い関係にあるのは現代のワニ類だ。

リンコサウルス類

たるのような形の体のは虫類で、三畳紀には恐竜よりも多くいました。植物を食べていました。口の前方にくちばしがあり、上あごには歯が数列並んでいました。牙で切りとった植物をすりつぶしてから飲みこんでいました。

リンコサウルス
Rhynchosaurus

リンコサウルス類によく見られるくちばしと深くて広い下あごをもっている。発見されている骨格からは地面をすばやく動けるような体だったこと、完全ではないけれども後ろ足で立っていたことがわかる。後ろ足で地面から根や塊茎を掘り出していた。

生息期間 2億4500万〜2億4000万年前（三畳紀前期）
全　長 0.5〜1m
化石の発見場所 イギリス
生息環境 開けた森林地帯
食べ物 シダ、塊茎

スコットランドのエルギンで2億3000万年前の岩石から35個以上の骨格が発見されている。

尾をひきずっていた

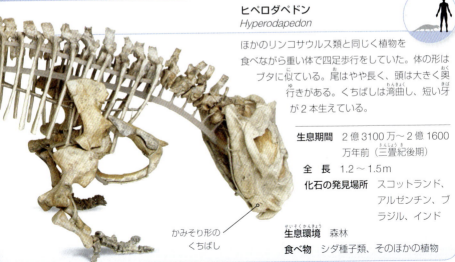

ヒペロダペドン
Hyperodapedon

ほかのリンコサウルス類と同じく植物を食べながら重い体で四足歩行をしていた。体の形はブタに似ている。尾はやや長く、頭は大きく奥行きがある。くちばしは湾曲し、短い牙が2本生えている。

生息期間 2億3100万〜2億1600万年前（三畳紀後期）

全　長 1.2〜1.5m

化石の発見場所 スコットランド、アルゼンチン、ブラジル、インド

生息環境 森林

食べ物 シダ種子類、そのほかの植物

かみそり形のくちばし

リンコサウルス類 | 105

主竜類
しゅりゅうるい

主竜類が現れたのは 2 億 5500 万年前でした。主竜類からさまざまな動物が進化しました。ワニ類、翼竜類、恐竜もそのなかまです。

ここに注目！
多様性

ワニ類や近い関係のは虫類をクルロタルシ類いう。

スタガノレピス
Stagonolepis

シャベル形の口先

生息期間　2 億 3500 万～2 億 2300 万年前（三畳紀後期）
全　長　3m
化石の発見場所　スコットランド、ポートランド、南アメリカ
生息環境　森林
食べ物　トクサ、シダ、ソテツ

重いよろいをつけている。主竜類の中の鷲竜類のなかま。背中をよろいのような骨板がおおう。頭は短く奥行きがあり、口先はシャベルのような形になっている。現代のブタと同じように、水分の多い根を口先で掘り出していたようだ。

▲ 多くのクルロタルシ類（ワニに似たデイノスクスなど）の足は横に広がっている。

▲ 恐竜に似たポストスクスなど後ろ足で立って歩いたなかまもいる。

▲ さらに恐竜に似たエッフィギアはダチョウのような獣脚類そっくりだ。

デスマトスクス
Desmatosuchus

口先の短いワニに似た鷲竜類。背中から尾にかけて長方形の骨板の列がある。おなかの両横にも同じ骨板の列があった。肩には長さ45cmにもなる角が生えている。

生息期間 2億3000万年前（三畳紀後期）
全　長 5m
化石の発見場所 アメリカ合衆国
生息環境 森林
食べ物 植物

背中の骨板

口先に歯はない

ラゴスクス
Lagosuchus

後ろ足が細くて長く、足首から先も長い。すばしこく動いて、えものを追いかけたり、捕食者から逃げたりした。

生息期間 2億3000万年前（三畳紀後期）
全　長 30cm
化石の発見場所 アルゼンチン
生息環境 森林
食べ物 小動物

エッフィギア
Effigia

主竜類に含まれる、まっすぐな足をもつラウスキア類のなかま。ラウスキア類は三畳紀に現れた。エッフィギアは雑食で、多くの恐竜と同じくくちばしに歯がなかった。くちばしを使って種子や卵を割ったり、植物をついばんだり、ときには小動物を食べていたのかもしれない。名前はギリシア語で「幽霊（ゴースト）」を意味する。1947年にアメリカ、ニューメキシコ州ゴーストランチの採石場で化石が発見されたことにちなむ。

生息期間 2億1000万年前（三畳紀後期）
全　長 2〜3m
化石の発見場所 アメリカ合衆国
生息環境 森林
食べ物 植物、種子、動物

パラスクス
Parasuchus

主竜類に含まれる、口先の長い植竜類のなかま。水の中で長い時間をすごす。現代のワニに似ている。水辺にいるえものをおそっていた。目は両横についている。

生息期間 2億2500万年前（三畳紀後期）
全　長 2m
化石の発見場所 インド
生息環境 川、沼地
食べ物 魚、小型のは虫類

ポストスクス
Postosuchus

大型のラウスキア類。当時、最大の捕食者だった。大きな頭骨には湾曲した短剣のような歯が生えていた。大型の獣脚類の歯に似ている。原始的な恐竜のそばで生活し、おそっていたようだ。

生息期間 2億3000万～2億年前（三畳紀後期～ジュラ紀前期）
全　長 4.5m
化石の発見場所 アメリカ合衆国
生息環境 森林
食べ物 小型のは虫類

オルニトスクス
Ornithosuchus

四足で動き回ることが多かったが、後ろ足で歩いたり走ったりもしていたようだ。鋭い歯でえものの肉をさっと切っていた。

生息期間 2億3000万年前（三畳紀後期）
全　長 4m
化石の発見場所 スコットランド
生息環境 ヨーロッパ西部の沼地
食べ物 小動物

ダコサウルス
Dakosaurus

恐ろしい海の捕食者メトリオリンクス類のなかま。ワニ類と遠い関係にある。奥行きの深い頭骨はティラノサウルスに似ている。ずらりと生えた鋭い歯でほかの は虫類の肉を切ったり、アンモナイトのからをくだいたりしていた。

生息期間 1億6500万～1億4000万年前（ジュラ紀後期）
全　　長 4～5m
化石の発見場所 ヨーロッパ西部、メキシコ、アルゼンチン
生息環境 浅い海
食べ物 魚、アンモナイト、海生は虫類

テレストリスクス
Terrestrisuchus

体は小さい。足の骨は細長く、頭骨は軽い。肉食。胴を地面から上げて歩く。現代のワニ類のように皮ふが骨板でおおわれている。

生息期間 2億1500万～2億年前（三畳紀後期）
全　　長 0.75～1m
化石の発見場所 イギリス諸島、ヨーロッパ西部
生息環境 乾燥した高地、森林
食べ物 昆虫、小動物

スフェノスクス
Sphenosuchus

捕食者から逃げたり、えものを追いかけたりするときは細長い足で速く走っていたようだ。頭骨には空気のつまった空洞がある。

生息期間 2億年前（ジュラ紀前期）
全　　長 1～1.5m
化石の発見場所 南アフリカ
生息環境 湿潤な低地の川岸や湖岸
食べ物 小型の陸生動物

デイノスクス
Deinosuchus

骨でできた鱗板

現代のアリゲーターのほぼ5倍の大きさ。水ぎわにじっとひそんで、魚や海生は虫類、ときには同じくらいの大きさの恐竜をおそう機会を待っていたようだ。現代のアリゲーターと同じようにえものを水中にひきずりこんでおぼれ死にさせていたようだ。

生息期間 7000万〜6500万年前（白亜紀後期）
全　長 10m
化石の発見場所 アメリカ合衆国、メキシコ
生息環境 沼地
食べ物 魚、中型〜大型の恐竜

シモスクス
Simosuchus

名前の意味は「パグ（鼻の低いイヌ）の鼻をもつワニ」。ワニ類にはめずらしく頭骨は短く、顔はとがっていない。歯の形から、おもに植物を食べていたことがわかる。後ろ足では完全に直立できず、走れなかったようだ。

生息期間 7000万年前（白亜紀後期）
全　長 1.2m
化石の発見場所 マダガスカル
生息環境 森林
食べ物 植物、おそらくある種の昆虫

ここにいる生き物は姿も動きも恐竜そのものだが、実は原始的なは虫類、ラウスキア類のなかま

エッフィギア

ダチョウ恐竜とよばれる獣脚類そっくりだが、ラウスキア類という主竜類の一種。8000万年前に生きていた。ダチョウ恐竜と同じように後ろ足で走り、長い尾でバランスをとっていた。

キノドン類とディキノドン類

キノドン類は哺乳類に似たは虫類（哺乳類型は虫類）です。その中には現代の哺乳類の祖先もいました。キノドン類は毛でおおわれ、まっすぐな足で歩いていました。キノドン類の近くにはディキノドン類も生息していました。ディキノドン類も哺乳類型は虫類で、2本の牙と先の鈍いくちばしをもっていました。

ここに注目！
歯

キノドン類とディキノドン類には目立つ歯があった。

▲ キノドンの意味は「イヌの歯」。哺乳類のような歯が生えていた。

▲ ディキノドン類は口の前の方に牙のような犬歯が2本生えていた。

プラケリアス
Placerias

植物を食べていた。同じ生息環境にいたディキノドン類の中で一番大きい。体重は約600kg、カバに似ていた。角質でできたくちばしで植物をついばんだ。

生息期間 2億2000万〜2億1500万年前（三畳紀後期）
全　長 2〜3.5m
化石の発見場所 アメリカ合衆国
生息環境 はんらん原
食べ物 植物

リストロサウルス
Lystrosaurus

ペルム紀の終わりにたくさんの種類の陸上動物が絶滅した。生き残った数少ない動物の中にリストロサウルスもいた。リストロサウルスはブタに似た、がっしりした胸をもつディキノドン類。ほかのディキノドン類と同じく牙は飾りとして、または身を守るために使われていたようだ。

生息期間 2億5500万〜2億3000万年前
　　　　　（ペルム紀後期〜三畳紀後期）
全　長 1m
化石の発見場所 アフリカ、ロシア、インド、中国、モンゴル、南極大陸
生息環境 乾燥したはんらん原
食べ物 植物

キノグナトゥス
Cynognathus

オオカミほどの大きさのキノドン類。名前の意味は「イヌのあご」。あごの両横にイヌのような大きな犬歯が生えていた。ナイフ形の切歯で肉を切り、子孫となる哺乳類と同じく臼歯で食べ物をかんだ。

生息期間 2億4700万〜2億3700万年前
　　　　　（三畳紀前期〜中期）
全　長 1m
　　化石の発見場所 南アフリカ、南極大陸、アルゼンチン
　　　　　生息環境 森林
　　　　　食べ物 肉

トリナクソドン
Thrinaxodon

三畳紀前期のキノドン類の中では一番数が多かった。ネコに似た捕食者。現代の哺乳類と同じく体のほぼ下に足があった。体は毛でおおわれていたようだ。

生息期間 2億4800万〜2億4500万年前
　　　　　（三畳紀前期）
全　長 30cm　　**化石の発見場所** 南アフリカ、南極大陸
生息環境 森林や川岸の穴
食べ物 昆虫、は虫類

原始的な哺乳類

最初の哺乳類はキノドン類から進化して三畳紀に現れました。トガリネズミに似ていました。毛でおおわれ、現代の哺乳類のように体温は一定で、嗅覚が発達していたようです。この時代には恐竜もいて、恐竜の子どもを食べていたと考えられています。

モルガヌコドン
Morganucodon

トガリネズミに似た小さな動物。最初の真の哺乳類の一種。あごの二重関節はは虫類の祖先の特徴だ。は虫類のように卵を産んでいたようだ。夜に活動していたとされる。1949年にイギリスのウェールズで発見された。

生息期間 2億1000万〜1億8000万年前
（三畳紀後期〜ジュラ紀前期）

全　長 9cm

化石の発見場所 ウェールズ、中国、アメリカ合衆国

生息環境 森林

食べ物 昆虫

鋭い歯

ネメグトゥバアタル
Nemegtbaatar

幅広の口先

短くて奥行きの深い頭骨はハタネズミそっくりだ。口先の幅が広く前歯が突き出ているので顔も前に出ている。植物を食べていたようだ。

生息期間 6500万年前（白亜紀後期）

全　長 10cm

化石の発見場所 モンゴル

生息環境 森林

食べ物 おそらく植物

メガゾストゥロドン
Megazostrodon

体は細く、長い口先と尾をもつ。現代のネズミやトガリネズミのように穴を掘り、走っていたようだ。臼歯は短く、上部のとがっている部分が三か所ある。この歯で昆虫を切っていたようだ。

生息期間 1億9000万年前（ジュラ紀前期）

全　　長 10cm

化石の発見場所 南アフリカ
生息環境 森林
食べ物 昆虫

エオマイア
Eomaia

体の大きさはネズミくらい。名前の意味は「母の始まり」。最初の有胎盤哺乳類（現代の哺乳類の一大グループ）の一種だ。胎盤とは、母親の体の中にある、子どもを育てる器官。

生息期間 1億2500万年前（白亜紀前期）

全　　長 20cm

化石の発見場所 中国
生息環境 森林
食べ物 昆虫、そのほかの小動物

シノコノドン
Sinoconodon

体の大きさはリスくらい。強いあご関節とほほをもち、大きな力でかんでいたようだ。耳の骨は哺乳類と似ていたが、歯はは虫類のように一生生え変わり続けた。

生息期間 2億年前（ジュラ紀前期）

全　　長 30cm

化石の発見場所 中国
生息環境 森林
食べ物 雑食

海のは虫類

恐竜が陸上を我が物顔で歩いていたころ、海は、プレシオサウルス、ノトサウルス、モササウルス（左図）など巨大な捕食性は虫類に支配されていました。海にすむは虫類はひれの形の足を使い、えものを追いながらすばやく泳ぎ回っていました。ぬるぬるした魚をつかまえるために、多くは先の鋭い歯をもっていました。

カメ類 不気味な捕食者のほかにプラコドン類やカメ類などの海生は虫類もいた。プロトステガなどカメ類の背中には身を守るための厚い板があった。

プラコドン類とカメ類

三畳紀中期には、現在のヨーロッパにあたる海岸沿いの浅い海をプラコドン類という捕食性は虫類が泳ぎ回っていました。プラコドン類はがっしりした胸に大きな胴、櫂のはたらきをする水かきのある足、長くて太い尾をもっていました。同じ海には短い頭骨、小さな尾、身を守るための甲羅をもつ原始的なカメ類もいました。

プラコドゥス
Placodus

たるのような体つきにもかかわらずとても上手に泳いだ。は虫類にはめずらしく前歯が突き出ていた。歯で魚をついていたようだ。上あごのくぎのような歯は軟体動物のからをくだくために使っていたのだろう。

生息期間 2億4500万～2億3500万年前
（三畳紀前期～中期）

全　長 2～3m

化石の発見場所 ドイツ

生息環境 岩礁近くの浅い海

食べ物 魚、軟体動物、そのほかの無脊椎動物

カイエンタケリス
Kayentachelys

現代のカメと同じ箱形の完全な甲羅をもつ最初のカメ類の一種。現代のカメ類や近い関係の生物と同じく鋭いくちばしをもっていた。危険がせまると甲羅の中に頭と足をひっこめて身をかくした。

生息期間 1億9600万～1億8300万年前（ジュラ紀前期）

全　長 60cm

化石の発見場所 アメリカ合衆国

生息環境 乾燥した地帯を流れる小川の近く

食べ物 植物、動物

オドントケリス
Odontochelys

今まで発見されている中で一番古い時代に生きていた、一番原始的なカメ。

現代のカメ類とは二つの点が大きくちがう。現代のカメ類のくちばしには歯がないが、オドントケリスのあごには歯が並んでいる。名前の意味もそのものずばり「歯をもつカメ」。現代のカメ類の甲羅はおなかと背中を守っているのに対して、オドントケリスの甲羅がおおっているのはおなかだけ。

生息期間　2億2000万年前（三畳紀後期）
全　長　40cm
化石の発見場所　中国
生息環境　海岸沿いの浅い海
食べ物　魚、アンモナイト、植物

偽竜類

三畳紀、最初の恐竜が陸上に現れたころ、海岸沿いの浅瀬では偽竜類（ノトサウルス類）が魚を追いかけていました。水かきのついた4本の足で泳ぎ回り、現代のアシカと同じく砂浜や岩場に上がって子育てをしていたようです。

パキプレウロサウルス
Pachypleurosaurus

ヘビに似た流線形の小さな体に長い尾がある。泳ぎ方は、体を波のように動かして進むカワウソに似る。櫂のような後ろ足でかじをとっていた。

生息期間 2億2500万年前（三畳紀後期）
全　長 30～40cm
化石の発見場所 イタリア、スイス
生息環境 浅い海
食べ物 小さな魚

ラリオサウルス
Lariosaurus

小型のノトサウルス類。おもに水の中で生活していたが、たびたび陸にも上がった。ほとんどのは虫類とちがい卵ではなく子を産んでいたようだ。

生息期間 2億3400万～2億2700万年前（三畳紀後期）
全　長 50～70cm
化石の発見場所 イタリア
生息環境 浅い海
食べ物 小さな魚、エビ

ノトサウルス
Nothosaurus

ほかのノトサウルス類と同じく長い体と尾を波のように動かして水の中を進んでいたようだ。先のとがった長い歯でぬるぬるしたえものを上手につかんだ。ワニ類の多くと同じく頭を横にふって近くを泳ぐ魚をしとめた。

生息期間 2億4000万〜2億1000万年前
（三畳紀中期〜後期）
全　長 1.2〜4m
化石の発見場所 ヨーロッパ、アフリカ、ロシア、中国
生息環境 浅い海
食べ物 魚、エビ

偽竜類

魚竜類

中生代の海では捕食性のは虫類がたくさん泳ぎ回っていました。その中にはイルカのような姿をした魚竜類もいました。流線形をしたハンター、魚竜類はサメのようなひれと尾を使って泳ぎ、イカやアンモナイト、魚や海生は虫類を食べました。目は大きく、水の中で子どもを産みました。

ショニサウルス
Shonisaurus

長い口先に歯は生えていない。えものをつかまえたら強い筋肉で舌をすばやくひっこめ、あっという間に飲みこんだ。史上最大の海生は虫類。

生息期間 2億2500万〜2億800万年前（三畳紀後期）
全　長 最長21m
化石の発見場所 北アメリカ
生息環境 開けた海
食べ物 魚、イカ

イクチオサウルス
Ichthyosaurus

体の小さな捕食者。鋭い針のような歯が並ぶ長い口先で、速く泳ぐぬるぬるしたえものもつかまえることができた。ほかの魚竜類と同じく、おもに視覚をたよりにえものを追いかけた。大きな目は輪の形に並んだ骨で守られていた。

生息期間	1億9000万年前（ジュラ紀前期）
全　長	2m
化石の発見場所	イギリス諸島、ベルギー、ドイツ
生息環境	開けた海
食べ物	魚、イカ

ミクソサウルス
Mixosaurus

原始的な魚竜類。ほかの魚竜類と同じく尾を左右にふって泳いだ。ものすごい速さで魚の大群を追いかけたり、群れの中をつっきったりしていたのだろう。

生息期間　2億3000万年前（三畳紀後期）
全　長　最長1m
化石の発見場所　北アメリカ、ヨーロッパ、アジア
生息環境　開けた海
食べ物　魚

テムノドントサウルス
Temnodontosaurus

大型の魚竜類。えものを追って深くまで潜ることができた。目は直径20cm。どの脊椎動物の目よりも大きい。

生息期間　1億9800万〜1億8500万年前（ジュラ紀前期）
全　長　12m
化石の発見場所　イギリス、ドイツ
生息環境　浅い海
食べ物　魚、イカ

首長竜類

ジュラ紀と白亜紀の海を自由に泳ぎ回っていた、巨大な肉食のは虫類です。水の中での生活にとてもよく適応し、4枚の長いひれをもっていました。多くの首長竜類は、小さな頭とヘビのように長い首をもっていました。

クリプトクリドゥス
Cryptoclidus

- 細くて短い尾。尾びれはない
- 長くてかたい首は、速く泳いでも水の抵抗に耐えることができた
- 板状の鎖骨
- 柔軟な前ひれ足
- 長い後ろひれ足

頭骨は軽く、頭の形は平ら。上下たがいちがいに生えた何百本という歯で、魚などの小さな海生動物をつかまえた。ほかの首長竜類と同じく翼のようなひれ足を動かして水の中をなめらかに泳いでいたようだ。卵を産むときは浜に上がったと考えられている。

生息期間 1億6500万〜1億5000万年前(ジュラ紀中期〜後期)
全長 8m
化石の発見場所 イギリス、フランス、ロシア、南アメリカ
生息環境 浅い海
食べ物 魚、イカ

エラスモサウルス
Elasmosaurus

魚を食べていた。えものをつかまえるために海底を泳いでいたようだ。首は72本の椎骨（背骨）で支えられていた。椎骨の数はどの動物よりも多い。

生息期間 9900万〜6500万年前（白亜紀後期）
全　長 14m
化石の発見場所 アメリカ合衆国
生息環境 開けた海
食べ物 魚、イカ、アンモナイト

プレシオサウルス
Plesiosaurus

カメに似た、横に広い胴をもつ。魚の大群をかき分けるように泳ぎながら、長い首を左右にふってえものをつかまえていたようだ。U字形の広いあごと鋭い円すい形の歯でえものをしっかりつかんだ。

胴の中央にある肋骨

生息期間 2億年前（ジュラ紀前期）
全　長 3〜5m
化石の発見場所 イギリス諸島、ドイツ
生息環境 開けた海
食べ物 魚、アンモナイト

プリオサウルス類

首は短く頭は大きい首長竜類のなかま、プリオサウルス類は右に出るものがいないほど凶暴な海の捕食者でした。筋肉質の首、巨大なあご、ワニに似た歯を使って、はち合わせした生物をおそって食べていました。おもな敵は巨大なサメとほかのプリオサウルス類でした。

リオプレウロドン
Liopleurodon

とても強いあごをもっていた。かむ力はティラノサウルスよりも強かった。見通しの悪い深い海でも、鋭い嗅覚を使ってえものをつかまえた。櫂のような長いひれを動かし瞬間的に速く泳ぎ進んでいたようだ。

生息期間　1億6500万〜1億5000万年前（ジュラ紀中期〜後期）
全　長　5〜7m
化石の発見場所　イギリス諸島、ドイツ、フランス、ロシア
生息環境　開けた海
食べ物　大きなイカ、魚竜

ロマレオサウルス
Rhomaleosaurus

嗅覚がとても鋭く、離れていてもえもののにおいをかぎ分けられた。目もよく、ぐっと近づいてつかまえることができた。現代のワニ類と同じく、口にはさんだえものを水中でふり回してばらばらにしていたようだ。

生息期間 2億〜1億9500万年前（ジュラ紀前期）

全　長 5〜7m

化石の発見場所 イギリス、ドイツ

生息環境 沿岸水域

食べ物 魚、イカ、海生は虫類

クロノサウルス
Kronosaurus

現代のワニ類と同じくあごを大きく開いてえものをつかまえた。頭の長さは約3m、高さは人間の身長をこえていた。頭骨の大きさはティラノサウルスのほぼ2倍。

生息期間 6500万年前（白亜紀後期）

全　長 10m

化石の発見場所 オーストラリア、コロンビア

生息環境 開けた海

食べ物 海生は虫類、魚、アンモナイト

ロマレオサウルスは
**えものを
何度もかみ、**
時間をかけることなく
深い傷を負わせた。
ホホジロザメのおそい方に
似ている

ロマレオサウルス プリオサウルス類のなかま。魚や魚竜類、小さなプレシオサウルス類を食べた。ほかのプリオサウルス類と同じく遠くからえもののにおいをかぎ分けることができた。口の上部の感覚器官から水を吸いこみ、においを確かめた。

モササウルス類

白亜紀後期の海で海の生物を食べていたモササウルス類はトカゲのなかまです。陸にすんでいた小さなトカゲが海に入り進化して大きな体のモササウルス類になりました。海の生活によく適応し、櫂のような足を使ってワニのように泳ぎました。

モササウルス
Mosasaurus

長い体をゆっくり波打たせて泳ぐ、ワニによく似たハンター。海面近くでゆっくり動くえものをつかまえていたようだ。首長竜を倒すこともあった。

生息期間 7000万〜6500万年前（白亜紀後期）
全　　長 15〜17.6m
化石の発見場所 アメリカ合衆国、ベルギー、日本、オランダ、ニュージーランド、モロッコ、トルコ
生息環境 沿岸の浅い海
食べ物 魚、イカ、首長竜、貝

プリオプラテカルプス
Plioplatecarpus

中型の捕食者。暖かく浅い海を好んだ。歯と頭骨の形から、小さなえものをおそっていたことがわかる。長い頭骨には太い円すい形の歯が収まっていた。目はどのモササウルス類よりも大きかった。

生息期間 8350万年前（白亜紀後期）
全　長 5〜6m
化石の発見場所 ヨーロッパ、カナダ、アメリカ合衆国
生息環境 浅い海
食べ物 魚

空のは虫類

中生代には一風変わった空飛ぶは虫類が進化して、やがて絶滅していきました。三畳紀の空に最初に現れたのは翼竜類でした。白亜紀の終わるころにはぼう大な数にふえました。翼竜類には、海の魚をつかみとる敏しょうなプテロダクティリスや、白亜紀の森で恐竜を追いつめていた大きなケツァルコアトルス（左図）がいます。

プテロダクティリス
ジュラ紀の翼竜類プテロダクティリスは海岸近くにすんでいた。日中は狩りをし、夜間は眠った。

翼竜類

三畳紀には空に進出したは虫類がいました。主竜類の一種、翼竜類です。中には史上最大の空飛ぶ生物もいました。翼竜類はコウモリのように皮ふでできた翼をもち、体は毛でおおわれていました。

ここに注目！
尾
翼竜類の空飛ぶ能力は進化とともに上がっていった。

ラムフォリンクス
Rhamphorhynchus

長い尾は骨でできていて、尾の先には皮ふでできたひし形の尾翼がついていた。尾翼は飛ぶときに舵の役目をはたしたようだ。

生息期間 1億5000万年前（ジュラ紀後期）
全　長 翼開長 0.3〜1.8m
化石の発見場所 ヨーロッパ、アフリカ
生息環境 海岸、川岸
食べ物 魚

▲ エウディモルフォドンなど三畳紀の翼竜類の多くは尾が長く、足と翼は短かった。翼竜類の中の嘴口竜のなかまだった。

▲ ジュラ紀には翼指竜という種類の翼竜類が現れた。尾は短く翼が長かったので空をすばやく飛ぶことができた。

ディモルフォドン
Dimorphodon

頭が大きく、体の長さの約3分の1を占めていた。翼竜類にはめずらしく2種類の歯が生えていた。長い前歯でえものをすばやくつかまえ、奥歯ですりつぶした。

生息期間 2億〜1億8000万年前（ジュラ紀前期）
全　長 翼開長 1.45m
化石の発見場所 イギリス諸島
生息環境 海岸林
食べ物 魚、トカゲに似た小さなは虫類

ペテイノサウルス
Peteinosaurus

原始的な翼竜類。名前の意味は「翼のあるトカゲ」。プテラノドンなど白亜紀の翼竜類よりもずっと小さかった。

生息期間 2億2800万～2億1500万年前（三畳紀後期）
全　長 翼開長60cm
化石の発見場所 イタリア
生息環境 沼地、川の流域
食べ物 飛ぶ昆虫

アヌログナトゥス
Anurognathus

小型の翼竜類。イトトンボやクサカゲロウを食べていた。竜脚類の背中に乗って、近くに飛んできた昆虫をおそっていたようだ。

生息期間 1億5000万～1億4500万年前（ジュラ紀後期）
全　長 翼開長50.8cm
化石の発見場所 ドイツ
生息環境 森林
食べ物 飛ぶ昆虫

頭の小さなとさかは骨と厚い皮ふでできていた。飾りとして使われたようだ。

プテロダクティルス
Pterodactylus

完全な化石がたくさん見つかっている。翼竜類の中で一番よく知られている。原始的な翼竜類より尾は小さく、翼の骨は長かったので、速く飛ぶことができた。

生息期間 1億5000万〜1億4400万年前（ジュラ紀後期）
全　長 翼開長1m
化石の発見場所 ドイツ
生息環境 沿岸部
食べ物 魚、昆虫、おそらく腐肉

ケツァルコアトルス
Quetzalcoatlus

名前はアステカの神ケツァルコアトルに由来する。キリンほどの高さの巨大な翼竜類だった。コンドルのように空中を滑空する一方で、えさを食べるときは陸上を歩いた。小さな恐竜をくちばしでつまむ姿は大きなコウノトリのようだ。

生息期間 7000万〜6500万年前（白亜紀後期）
全　　長 翼開長10〜11m
化石の発見場所 アメリカ合衆国
生息環境 開けた平原、森林
食べ物 哺乳類、トカゲ、恐竜

ケツァルコアトルスの体重は現代の飛ぶ鳥の中で一番重い鳥の約20倍。なんと240kg。

トゥパンダクティルス
Tupandactylus

扇形のとさかをつけていた。頭に対するとさかの大きさは、どの翼竜類よりも大きかった。とさかは棒状の骨でしっかり支えられていた。

生息期間 1億1200万年前（白亜紀前期）
全　長 翼開長2.5m
化石の発見場所 ブラジル
生息環境 海岸
食べ物 おそらく魚

オルニトケイルス
Ornithocheirus

化石がほとんど見つかっていないので、まだ不明なことが多い。化石のかけらからは翼開長が10m、口先の前方の骨が隆起していたことがわかっている。この部分は飾りだったようだ。

生息期間 1億1000万年前（白亜紀前期）
全　長 翼開長8〜10m
化石の発見場所 ヨーロッパ、南アメリカ
生息環境 海岸
食べ物 魚

太古の世界の記録

恐竜の記録

▶一番首が長い（体に対して）恐竜
2002年、モンゴルで胸骨の一部と数本の足の骨と6個の脊椎が見つかった。発掘当時は何の骨かわからなかったが、後に竜脚類のエルケツ・エリソニのものと確認された。脊椎をもとに推定された首の長さは8m。体に対する首の長さは陸生動物の中ではずば抜けている。

▶一番背の高い恐竜
一番背の高い恐竜は竜脚類のサウロポセイドン。体長の長い竜脚類ならばほかにもいるが、首をもたげたときの高さが18mという恐竜はサウロポセイドンだけ。

▶一番長い骨
一番長い恐竜の骨は竜脚類ウルトラサウルスの肩甲骨。長さは2.4m。

▶一番重い脳
一番重い脳をもっていたのは獣脚類のトロオドン。体重に対する脳の重さは右に出るものがいない。

▶一番大きな頭骨
角竜類のペンタケラトプスの頭骨はすべての陸生動物の中で一番大きい。長さは3m。

▶一番厚い頭骨
鳥盤目のパキケファロサウルスの頭骨は恐竜の中では一番厚い。頭骨の上部のドーム部分の厚さは20cm。

▶一番長いかぎ爪
獣脚類のデイノケイルスのかぎ爪は恐竜の中で一番長い。長さは19.6cm。

▶一番多い歯の数
ハドロサウルス類（カモノハシ竜）のシャンツンゴサウルスの歯の数は恐竜の中で一番多い。口の奥に生えた1500本以上の歯で植物をかんでどろどろにしていた。

翼竜類の記録

★ 一番大きな翼竜類
ケツァルコアトルスの翼開長はほぼ11m。空飛ぶは虫類の中では最大だ。

★ 一番小さな翼竜類
ネミコロプテルスの翼開長はわずか25cm。一番小さな翼竜類。

★ 一番大きなとさか
体に対するとさかの大きさが一番大きい翼竜類はトゥパンダクティルス。

毎のは虫類の記録

★ **一番大きな魚竜類**
三畳紀に生息したショニサウルスは最大の魚竜類。体長は21mにもなった。

★ **一番小さな魚竜類**
チャオフサウルスは一番小さな魚竜類。長さはわずか1.8m。人間の男性の身長と同じくらい。

★ **一番大きな首長竜類**
体長20mをこえるマウイサウルスは一番大きな首長竜類。

★ **一番小さな首長竜類**
ウモオナサウルスは体長2.5m。一番小さな首長竜類。

★ **一番大きなプリオサウルス類**
クロノサウルスが一番大きなプリオサウルス類。体長は10m。

★ **一番小さなプリオサウルス類**
一番小さなプリオサウルス類は今のところレプトクレイドゥス。体長わずか1.5m。

★ **一番大きなモササウルス類**
一番大きなモササウルス類は体長17.6mにもなるモササウルス。

★ **一番小さなモササウルス類**
一番小さなモササウルス類はカリノデンス。小さいとはいっても体長3.5m。

最古の生物

● **一番古いは虫類**
は虫類の中ではヒロノムス・リュエリの化石が一番古い。3億1200万年前、石炭紀に生きていた、体長わずか20cmのは虫類だ。

● **一番古い主竜類**
ペルム紀後期、約2億5500万年前のロシアにいたアルコサウルスが主竜類の中で一番古い。

● **一番古い恐竜**
2011年、エオドロマニウスの化石が発見された。2億3200万年以上前の化石だった。現在のところ、これが一番古い恐竜の化石。

● **一番古い鳥類**
最近までアーケオプテリクス（始祖鳥）が一番古い鳥類とされていた。ところが中国の研究チームの最新の研究によるともっと古い鳥類がいそうだ。約1億5500万年前に生きていた羽毛の生えた獣脚類シャオティンギア・ツェンギが鳥類と近い関係にあるかもしれない。確認されればシャオティンギア・ツェンギが最古の鳥類となる。

● **一番古い哺乳類**
三畳紀後期、約2億2000万年前に北アメリカにいたアデロバシレウスが一番古い哺乳類。

一番大きな恐竜

恐竜の中にはとてつもなく巨大なものがいました。巨大化した理由はまだわかっていませんが、いくつかの点で有利にはたらいたようです。恐ろしい捕食者といえども、相手が巨大な植物食恐竜ならば簡単には倒せませんでした。大きな消化器官をもつ竜脚類は植物から栄養分をたっぷり吸収できました。大きくなった獣脚類はより大きなえものを狩ることができました。巨大な動物は小さな動物よりも長生きしますが、その分たくさん食べなければなりません。このため気候の変化などによって食べ物が急になくなると危機をうまく切り抜けることができませんでした。

一番長い竜脚類

一番体長の長い竜脚類は一番体長の長い陸生動物、つまり一番大きな恐竜でもある。

❶ 白亜紀に生きていた**アルゼンチノサウルス**。現在のところ、脊椎、肋骨、大腿骨など一部の骨しか見つかっていない。これらの骨をもとに頭から尾までの長さを推定したところ33〜41m。

❷ ジュラ紀の竜脚類**スーパーサウルス**とその近縁のアパトサウルス。化石から33〜34mだったことがわかっている。

❸ 白亜紀に生きていた**サウロポセイドン**。北アメリカ最後の巨大な竜脚類の一種のようだ。体長は28〜34m。4個の頸椎が見つかっていることからブラキオサウルスと似ていたとされる。

❹ 白亜紀の竜脚類**フタロンコサウルス**。2000年に発見された。体長は28〜34m。サウロポセイドンと同じくらいの長さだ。

❺ ジュラ紀の終わりにかけて生きていた**ディプロドクス**。体長は30〜33.5m。

❻ 白亜紀の竜脚類**パラリティタン**。まだよくわかっていないが、近縁のサルタサウルスと比較して体長32mと推定されている。

❼ **トゥリアサウルス**。ヨーロッパで最大の竜脚類。体長は30m以上になった。

一番長い獣脚類

一番体長の長い獣脚類は最大の陸上捕食者でもある。

❶ 白亜紀に生きていた獣脚類**スピノサウルス**は体重約7トン、体長18m。

❷ **カルカロドントサウルス**の体重は8トンにもなる。体長は14mをこえる。

❸ **ギガノトサウルス**は白亜紀に生きていた。体長13mに成長した。

❹ **ティラノティタン**は12.2mまで成長した。ティラノサウルスよりわずかに長い。

❺ 巨大な獣脚類の中で**ティラノサウルス**は一番よく知られている。体長は12m、体重は6トンをこえる。

❻ 白亜紀の中国にいた**ズケンティランヌス**はティラノサウルスのいとこ。体長は11m、体重は6.5トンをこえた。

一番長い鳥脚類

❶ **シャンツンゴサウルス**は白亜紀に生きていた。体長は16m以上にもなった。

❷ **ランベオサウルス**の頭には空洞のあるとさかが目立つ。体長は15m。

❸ **エドモントサウルス**はハドロサウルス類(カモノハシ竜)のなかま。体長13mになる。

❹ **カロノサウルス**は2000年に発見された。化石は中国の川岸で見つかった。体長13mにまで成長したと考えられている。

❺ **イグアノドン**はジュラ紀後期から白亜紀前期にかけて生きていた。体長はおよそ12mに成長した。

❻ **オロロティタン**は2003年に全身骨格の化石が見つかった。体長12mまで成長した。

❼ **サウロロフス**の体の長さは12m。

獣脚類の中には陸上で最大の捕食者がいる一方で、一番小さな恐竜ミクロラプトル・グイもいる。

恐竜の発見 きょうりゅうの はっけん

人間はずいぶん昔から恐竜の骨を目にしてきましたが、恐竜とはわからず、まぼろしの生き物の骨とされた時代もありました。世界各地に竜や巨人の伝説が残っているのも、このような骨と関係があるのかもしれません。1700年代あたりから、まぼろしではなく人類が誕生する前に生きていた動物の残したあかしと考えられ、研究されるようになりました。

偉大な古生物学者

恐竜など太古の動物の研究者を古生物学者という。古生物学者の研究によって太古の地球のようすがわかってきた。

▶ **オスニエル・C・マーシュ**（1831～99）と**エドワード・ドリンカー・コープ**（1840～97）はトリケラトプスやディプロドクスをはじめとしてたくさんの恐竜を発見した。二人はライバルの関係だった。

▶ **ハリー・ガバー・シーリー**（1839～1909）はイギリスの古生物学者。骨盤の並び方のちがいをもとに恐竜を鳥盤目と竜盤目に分類した。

▶ **バーナム・ブラウン**（1873～1963）はアメリカの化石採集家。ティラノサウルスの化石を最初に発見した。

▶ **エルマー・S・リッグス**（1869～1963）はアメリカの古生物学者。化石発見の2年後に竜脚類ブラキオサウルスと命名し発表した。

▶ **エルンスト・シュトローマー・フォン・ライヘンバッハ**（1870～1952）はドイツの古生物学者。体長18mのスピノサウルスの命名者。

▶ **ロイ・チャップマン・アンドリュー**（1884～1960）はアメリカの探検家。ゴビ砂漠（モンゴル）への調査隊を何度も率い、オビラプトル、ヴェロキラプトル、プロトケラトプス、恐竜の卵の化石を発見した。

▶ **アラン・チャーリッグ**（1927～97）はアメリカの古生物学者。原始的な主竜類から恐竜がどのように進化してきたのかを明らかにした。

▶ **ロバート・バッカー**（1945～）はアメリカの古生物学者。恐竜は恒温動物で鳥類の祖先であるという説をとなえた。

ジョン・「ジャック」・ホーナー（1946～）と**ロバート・マケラ**（1940～87）はともにアメリカの古生物学者。二人でチームを組み、恐竜の巣を掘り返し、恐竜が子育てをしていた証拠を見つけた。

偉大な発見

1600年代より古生物学者は600種類以上の恐竜を見つけ、命名してきた。ここでは恐竜の研究を大きく前に進めることになった発見を紹介する。

🦖 **1811年** メアリー・アーニングはイギリス、ライムリージスの崖で魚竜類の化石を世界で初めて発見した。わずか11歳だった。その12年後、首長竜類の化石も世界で初めて発見した。

🦖 **1820年** ギデオン・マンテルが、のちにイグアノドンと命名することになる恐竜の化石を収集しはじめた。ギデオンはイグアノドンの体のつくりや生息環境を研究した。その取組みに刺激されて、恐竜の科学的研究が進められるようになった。

🦖 **1824年** メガロサウルスに恐竜として初めて学名がつけられた。

🦖 **1842年** リチャード・オーウェン卿が恐竜（Dinosauria）という名前を考えた。意味は「恐ろしいトカゲ」。

🦖 **1856年** アメリカでトロオドンに恐竜として初めて学名がつけられた。

🦖 **1861年** ドイツの古生物学者ヘルマン・フォン・マイヤーはアーケオプテリクス（始祖鳥）に関する論文を発表した。これ以降、アーケオプテリクスが最初の鳥類と考えられるようになった。

🦖 **1877年** アメリカ、コロラド州で巨大な化石が発見された。この発見をきっかけに大勢の化石採集家がこの地に集まりはじめ、アロサウルス、アパトサウルス、ディプロドクス、トリケラトプス、ステゴサウルスが発見された。

🦖 **1908〜12年** ドイツの古生物学者ウェルナー・ヤネンシュとエドウィン・ヘニッヒがアフリカ、タンザニアでブラキオサウルスとケントロサウルスの化石を発見した。

🦖 **1933〜70年代** 中国の古生物学者ヤン・チョンジンが中国で化石発見を指導し、ルーフェンゴサウルス、マメンチサウルス、オメイサウルス、チンタオサウルスなどたくさんの恐竜に名前をつけた。

🦖 **1979年** アメリカの古生物学者ウォルター・アルバレスは父のルイス・アルバレスといっしょに、小惑星の衝突によって恐竜が絶滅したという説をとなえた。

🦖 **1991年** アメリカの古生物学者ウィリアム・ハンマーは南極でクリオロフォサウルスを発見した。南極大陸で発見された初めての獣脚類。

🦖 **1996年** 中国の古生物学者チェン・ペイジ、ドン・ジーミン、ジェン・ショウナンはシノサウロプテリクスを発見した。世界で初めて発見された羽毛をもつ恐竜。

> この20年間で486種をこえる恐竜に名前がつけられた。

用語解説 ようごかいせつ

アンモナイト イカと同じ軟体動物に含まれる絶滅したグループ。うずまき状のからをもち、中生代の海で生きていた。

イグアノドン類 鳥脚類に含まれるグループ。ウマのような顔をもち、体の大きさは小型のものから大型のものまでさまざま。名前はイグアノドンとよばれる鳥脚類にちなむ。

イチョウ 花をつけない植物の一種。高く成長する。葉は三角形。

営巣地（えいそうち） 鳥や恐竜が巣をつくり、卵や子を育てるために同じ場所に集まってつくるコロニー。

オビラプトロサウルス類 獣脚類に含まれるグループ。オウムに似た頭骨をもち、体には羽毛が生えていた。

オルニトミムス類 獣脚類に含まれるグループ。ダチョウに似ているのでダチョウ恐竜ともよばれる。

温暖（おん） 極端に暑くも寒くもない気候。

化石 地層の中に残された死んだ生物の遺物。筋肉や内臓などやわらかい部分よりも歯や骨の方が化石になりやすい。

化石化 死んだ生物が化石になる作用。

カムフラージュ 動物がまわりの環境にまぎれるような色や模様。

環境（かんきょう） 動物や植物が生活するまわりの自然。

カンブリア紀 古生代の最初の時代区分。5億4200万年前から4億8800万年前まで続いた。この時期におもな動物のグループ（生物の分類でいう門まで）が出そろった。

紀 代を細かく分ける時代区分。中生代の中の一時期を三畳紀という。

汽水 塩分が淡水よりも高く、海水よりも低い水。

キノドン類 哺乳類に似たは虫類。犬歯、切歯、臼歯など哺乳類のような歯をもつ。キノドン類の中に哺乳類の祖先がいる。

恐竜（きょうりゅう） 主竜類に含まれるグループ。三畳紀に現れ、ジュラ紀から白亜紀にかけて陸上で繁栄し、白亜紀の終わりに絶滅した。鳥類は恐竜の直接の子孫。

曲竜類（きょくりゅうるい） 鳥盤目に含まれるグループ。四足歩行で、植物食だった。首から肩や背中にかけて骨でできた板がよろいのようにおおっていた。尾の先には大きな骨のかたまりがあった。

魚竜類（ぎょりゅうるい） 捕食性海生は虫類に含まれるグループ。中生代に栄えた。イルカに似て、大きな目、とがった頭、サメのようなひれと尾をもっていた。

首長竜類（くびながりゅうるい） 海生は虫類に含まれるグループ。肉食。ひれのような足で、ジュラ紀と白亜紀の海を泳いでいた。首長竜類の多くは首がヘビのように長く、頭が小さい。

クルロタルシ類 主竜類に含まれるグループ。ワニ形類や近縁のは虫類、ラウスキア類や鷲竜類なども含む。

ケラチン 皮ふ、毛、角、爪、ひづめをつくる物質。

原始的 進化の最初の方の段階。

堅頭竜類（けんとうりゅうるい） ドーム形の厚い頭骨をもち、二足歩行をする恐竜のグループ。

剣竜類（けんりゅうるい） 鳥盤目に含まれるグループ。植物食で四足歩行をした。背中から尾にかけて骨でできた大きな板やとげが並ぶ。

恒温動物（こうおんどうぶつ） 温血動物ともいう。体温を一定に保つ動物。哺乳類、鳥類、一部の恐竜が恒温動物。環境の温度が変化しても体温は変化しない。

古生代 中生代の前の代。5億4200万年前から2億5200万年前まで続いた。名前の意味は「古代の動物の生命」。

古生物学 化石になった植物や動物をもとに研究を進める科学の分野。

古生物学者 植物や動物の残した化石を手がかりに研究をする科学者。

骨板（こっぱん） ある種のは虫類の皮ふにある骨でできた板。角質物質でおおわれ、よろいをつくる。

古竜脚類（こりゅうきゃくるい） 竜盤目に含まれるグループ。おもに植物を食べていた。原始的な竜盤目で、首の長い巨大な竜脚類の祖先。

コロニー アリや鳥のように別々の個体が協力しながら生活する集団。あるいはサンゴのように組織がつながって生活するもの。

ゴンドワナ大陸 ジュラ紀中期にパンゲア大陸が二つに分かれてできた大陸のひとつ。

雑食恐竜（ざっしょくきょうりゅう） 植物も動物も食べる恐竜。

三畳紀（さんじょうき） 中生代の最初の時代区分。2億5200万年前から2億年前まで続いた。恐竜は三畳紀に進化した。

色素（しきそ） 生物の体色のもとになる化学物質。色をつけるはたらきしかしない場合もあれば、それ以外の重要なはたらきをもつ場合もある。

CG コンピュータ生成画像。コンピュータを使ってつくった3D模型やアニメーションなど。

四肢動物（ししどうぶつ） 4本の足（腕、脚、翼）をもつ脊椎動物。両生類、は虫類、哺乳類、鳥類は四肢動物。四肢動物はすべて魚に似た祖先から進化した。

四足歩行（しそくほこう） 4本の足で歩く歩き方。

シダ 花をつけない植物に含まれるグループ。種子ではなく胞子で子孫をふやす。

獣脚類（じゅうきゃくるい） 肉食恐竜のグループ。すべて捕食性。たいてい鋭い歯とかぎ爪をもつ。小型のミクロラプトルや巨大なティラノサウルスなど大きさはさまざま。

鷲竜類（しゅうりゅうるい） アエトサウルス類ともいう。主竜類に含まれるグループ。三畳紀に生きていた。植物食で、体はよろいのような板ととげでおおわれていた。

ジュラ紀（じゅらき） 中生代の2番目の時代区分。2億年前から1億4500万年前まで続いた。ジュラ紀は恐竜が陸上を支配し、最初の鳥類が現れ、哺乳類が広がりはじめた時代だった。

主竜類（しゅりゅうるい） 太古のは虫類に含まれるグループ。主竜類には恐竜、翼竜、ワニ類、その近縁の動物が含まれる。口先の両横、ちょうど目と鼻先の間の頭骨に穴があいている。約2億5500万年前に現れた。

小惑星（しょうわくせい） 太陽のまわりを回る、岩石でできた天体。流星よりも大きく、惑星よりも小さい。

植物食恐竜（しょくぶつしょくきょうりゅう） 植物だけを食べる恐竜。

進化（しんか） 何世代もかけて少しずつ起こる生物の変化。進化によって新しい種が現れることもある。恐竜は主竜類の中から進化し、鳥類は羽毛をもつ獣脚類の中から進化した。

新生代（しんせいだい） 中生代の次の時代区分。6500万年前から始まり今日まで続く。名前の意味は文字どおり「新しい動物の生命」。

針葉樹（しんようじゅ） マツやモミなど球果をつける木。

ストロマトライト 浅い海にあるかたくて大きなドーム形の構造物。藍藻などの微生物の何世代にもわたるはたらきによりつくられる。粒子の薄い層が重なりあってできている。先カンブリア時代には地球上のいたるところにあった。

3D 現実の世界やコンピュータ画面で、三方向（上下、左右、前後）に広がりをもつこと。

生痕化石（せいこんかせき） 岩石に保存された、太古の生物の活動のあと。生物そのものではない。足あと、かみあと、ふん、卵などがある。

生態系（せいたいけい） 同じ環境の中で生活するすべての生物を含むその環境全体。

脊椎動物（せきついどうぶつ） 背骨をもつ動物。

絶滅（ぜつめつ） 植物種や動物種がすっかり死に絶えること。種どうしの競争、環境の変化、自然災害（たとえば小惑星の衝突）などの結果、自然に起こることがある。

先カンブリア時代（せんカンブリアじだい） 地球が誕生してからカンブリ

ア紀が始まるまでの時代。

属（ぞく） 生物を分類するときの区分のひとつ。近縁の種の集まり。獣脚類のティラノサウルス・レックスという種はティラノサウルス属に含まれる。

祖先（そせん） ある植物や動物に進化する前の植物や動物。

ソテツ 熱帯や亜熱帯に生育する植物。大きな球果の中に種子があり、シダやヤシのように木の頂に葉がつく。

代（だい） 地質時代を大きく分ける時代区分。代はさらに細かく紀に分けられる。

堆積物（たいせきぶつ） 風、水、氷に運ばれて積もった砂や泥など。

胎盤（たいばん） 妊娠中の哺乳類の体内で母体の子宮と胚をつなぐためにつくられる器官。有胎盤哺乳類の母と胎児の間で栄養や排泄物の交換をする。エオマイアは最初に胎盤をもつようになった哺乳類の一種。

恥骨（ちこつ） 動物の骨盤をつくる3本の骨のうちの1本。

中生代（ちゅうせいだい） 2億5200万年前から6500万年前まで続いた時代区分。三畳紀、ジュラ紀、白亜紀に分かれる。

鳥脚類（ちょうきゃくるい） 鳥盤目に含まれるグループ。植物食で後ろ足が長く、おもに二足歩行した。ヒプシロフォドン類、イグアノドン類、ハドロサウルス類が含まれる。

鳥盤目（ちょうばんもく） 恐竜を大きく二つに分けたうちのひとつのグループ。骨盤が鳥に似た並び方をしている。鳥盤目には剣竜類、曲竜類、角竜類、鳥脚類、堅頭竜類が含まれる。

椎骨（ついこつ） 動物の背骨（脊椎）や背中のとげをつくる骨。

角竜類（つのりゅうるい） 鳥盤目に含まれるグループ。四足歩行で、植物食だった。鼻の上に角が突き出し、トリケラトプスに代表されるように頭骨の後方に骨でできたえり飾りがあった。

ディキノドン類（ディキノドンるい） 植物食で哺乳類に似たは虫類。2本の牙状の歯ととがっていないくちばしをもつ。

ティラノサウルス類（ティラノサウルスるい） 獣脚類に含まれるグループ。体は大きく、短い腕と2本指の前足をもつ。名前はティラノサウルスにちなむ。

頭骨（とうこつ） 骨でできた頭の外枠。脳、目、耳、鼻孔を守る。

なわばり 動物がほかの動物（とくにライバルとなる同じ種類の動物）の侵入を防いで守る場所。

軟体動物（なんたいどうぶつ） 無脊椎動物に含まれる一大グループ。ナメクジ、カタツムリ、二枚貝、タコ、イカなどを含む。多くの軟体動物がつくるからは化石化しやすいため、化石がよく見つかる。

肉食動物（にくしょくどうぶつ） 肉だけを食べる動物。

二足歩行（にそくほこう） 2本の後ろ足で歩く歩き方。

熱帯（ねったい） 赤道をはさむ地帯。雨がたくさん降り暖かいため熱帯雨林が広がっている。

ノトサウルス類（ノトサウルスるい） 捕食性は虫類に含まれるグループ。三畳紀の海にいた。4本の足には水かきがあり、アザラシのように浜に上がって子育てをしていたようだ。

ノドサウルス類（ノドサウルスるい） 四足歩行をしていた植物食恐竜。背中は骨板のよろいでおおわれ両横腹にはとげがはえていた。曲竜類と近い関係にある。

胚（はい） 動物や植物が卵や種子から成長を始める最初の段階。

白亜紀（はくあき） 中生代の3番目の時代区分。1億4500万年前から6500万年前まで続いた。白亜紀の終わりに小惑星が地球に衝突して恐竜が姿を消した。

は虫類（はちゅうるい） 変温、無脊椎動物のグループ。うろこでおおわれる。たいていは陸上で生活し、卵を産む。トカゲ、ヘビ、カメ、ワニなど。

ハドロサウルス類（ハドロサウルスるい） カモノハシ竜ともいう。鳥脚類に含まれるグループ。白亜紀後期に生息した。体は大きく、二足歩行と四足歩行をした。アヒルのようなくちばしで植物を食べていた。

パンゲア大陸（パンゲアたいりく） 古生代と中生代に存在した巨大な大

埃。

被子植物（ひししょくぶつ） 花をつける植物を含む植物のグループ。広葉樹や草も含まれる。

ヒト科動物（ひとかどうぶつ） 霊長類に含まれるグループ。ヒト、チンパンジー、ゴリラ、絶滅した近縁の動物を含む。オランウータン、ギボン、サルは含まない。

ヒプシロフォドン類 鳥脚類に含まれるグループ。二足歩行で速く走った。

プシッタコサウルス類 角竜類に含まれるグループ。白亜紀に生息し、二足歩行をした。オウムのように深く湾曲したくちばしで植物を食べていた。

プリオサウルス類 首長竜類に含まれるグループ。筋肉の発達した短い首、大きな頭、ワニ類のような歯をもつ。海生捕食者の中でも1、2を争うほど凶暴。

ふん石 化石化した動物のふん。

変温動物 まわりの温度が変化すると体温もいっしょに変化する動物。

捕食者（ほしょくしゃ） ほかの動物をおそい、殺して食べて生きている動物。

哺乳類（ほにゅうるい） 脊椎動物に含まれるグループ。一定の体温を保ち、子どもを母乳で育て、皮ふは毛や毛皮でおおわれる。三畳紀に生息していたキノドン類から進化した。

無脊椎動物（むせきついどうぶつ） 背骨のない動物。

メトリオリンクス類 恐ろしい捕食性海生ワニ類のなかま。体の形は流線形。

モササウルス類 水生トカゲに含まれるグループ。体は大きく、櫂の形の足と、左右に平らな尾をもっていた。白亜紀の海で魚などを食べていた。

溶岩（ようがん） 火山噴火によって流出した溶けた岩石。または、溶けた岩石が冷えてかたまったかたい岩石。

翼開長（よくかいちょう） 翼を広げたときの片方の先端からもう片方の先端までの長さ。

翼竜類（よくりゅうるい） 主竜類に含まれるは虫類のグループ。翼をはためかせて飛ぶことができた。コウモリのように翼は皮ふでできていた。世界最大の空飛ぶ生物も翼竜類の一種。

ラウスキア類 主竜類に含まれるは虫類のグループ。体の下にまっすぐについた足をもつ。三畳紀に生息した。ラウスキア類の多くは恐竜に似ていた。

裸子植物（らししょくぶつ） 種子をつくる陸生植物は2種あるが、そのひとつ。ソテツ、イチョウ、針葉樹（たとえばマツやモミ）など。

竜脚形類（りゅうきゃくけいるい） 竜盤目に含まれるグループ。竜脚形類には古竜脚類と竜脚類が含まれる。植物食。

竜脚類（りゅうきゃくるい） 竜盤目に含まれるグループ。体は巨大で、首が長い。竜脚類の中には史上最大の陸生生物もいる。

竜骨（りゅうこつ） 鳥類の胸の骨の一部。竜骨突起ともいう。舟底のような形をしていて、大きな飛翔筋をつなぎとめる。現生鳥類はすべて竜骨をもつが、原始的な鳥類の中にはもたないものもいる。

竜盤目（りゅうばんもく） 恐竜を大きく二つに分けたうちのひとつのグループ。骨盤がトカゲに似た並び方をしている。竜盤目には捕食性の獣脚類や竜脚形類が含まれる。

両眼視（りょうがんし） 二つの目を使って物を見ること。距離を正確に判断できる。

両生類 カエルなど、子ども時代（カエルの場合はオタマジャクシ）を水の中ですごし、おとなになると肺と皮ふで呼吸し陸でも生活する無脊椎動物。

霊長類（れいちょうるい） キツネザル、サル、類人猿、ヒトを含む哺乳類のグループ。

ローラシア大陸 ジュラ紀中期にパンゲア大陸が分裂してできた二つの大陸のうちのひとつ。

ワニ類 現生のワニ（クロコダイルやアリゲータ）とその直接の祖先を含むグループ。ワニ類と絶滅した近縁の動物はワニ形類に含まれ、ワニ形類はは虫類の主竜類に含まれる。

索 引 さくいん

【あ】

アカントステガ 14
アーケオプテリクス（始祖鳥） 6, 19, 54, 143, 147
アーケオプテリス 5
あごの形 36
足あと
　竜脚類の—— 60, 61
　——の化石 23, 29
アデロバシレウス 143
アヌログナトゥス 138
アノマロカリス 4
アパトサウルス 23, 28, 61, 144, 147
アマルガサウルス 62
アルクササウルス 17
アルコサウルス 143
アルゼンチノサウルス 67, 144
アルバートサウルス 46
アロサウルス 23, 42, 147
アンキサウルス 57
アンキロサウルス 16, 80
アンフィバムス 5
アンモナイト 23, 148
イグアノドン 24, 29, 91, 145, 147
イグアノドン類 84, 90, 148
イクチオサウルス 10, 125
イクチオルニス 55
板（背中の） 72
イベロメソルニス 19
ウィリアムソニア 10
ヴェガヴィス 55
ウェストロティアーナ 14
ヴェロキラプトル 51, 146
羽　毛 18, 19, 27, 33, 54
羽毛恐竜 147
ウモオナサウルス 143
ヴルカノドン 63
ウルトラサウルス 142
営巣地 148
エイニオサウルス 100
エウオプロケファルス 81, 83
エウディモルフォドン 9, 137
エオカーソル 35
エオシミアス 7
エオドロマエウス 143
エオマイア 103, 117
エオラプトル 6, 35
エッフィギア 103, 107, 108, 113
エドモントサウルス 26, 94, 145
エドモントニア 78
エフラアシア 56
エラスモサウルス 127
えり飾り 17, 33, 98
エルケツ・エリソニ 142
エルビサウルス 39
尾 55, 60, 72, 80, 83, 113, 136, 137
オドントケリス 121
オビラプトル 29, 53, 146
オビラプトロサウルス類 53, 148
オメイサウルス 147
オルドビス紀 4
オルニトケイルス 141
オルニトスクス 109
オルニトミムス 48
オルニトミムス類 148
オルニトレステス 48
オロロティタン 145

【か】

カイエンタケリス 120
カウディプテリクス 49, 53
かぎ爪 19, 34, 37, 55, 56, 142
ガーゴイレオサウルス 79
火山活動 20, 21
ガストニア 78
カスモサウルス 100
化　石 22, 143, 146-148
　足あとの—— 23, 29
　頭の—— 25
　羽毛の—— 27
　シノルニトサウルスの—— 18, 27
　巣の—— 29
　卵と胎児の—— 29
　卵の—— 23, 28
　爪の—— 25
　手の—— 24
　皮ふの—— 23, 26
　骨の—— 24
　めずらしい—— 26
　——のでき方 22
カマラサウルス 70
カムフラージュ 148
カメ類 119-121
カモノハシ竜 ➡ハドロサウルス類を見よ
カリノデンス 143
ガリミムス 25, 48
カルカロドン 43
カルカロドントサウルス 43, 145

152 | 恐　竜

カロノサウルス　145
環境変化　20
カンプトサウルス　90
カンブリア紀　4, 148
カンブリア爆発　4
紀　4, 148
ギガノトサウルス　43, 145
気　水　148
キノグナトゥス　115
キノドン類　103, 114, 115, 148
牙　114
恐　竜　33-101, 148
　一番大きな――　144, 145
　一番古い――　143
　最初の――　6, 9, 34
　――の色　31, 33
　――の化石　22, 143, 146-148
　――の記録　142, 143
　――の骨格標本　25, 30
　――の種類　16
　――の絶滅　7, 20, 147
　――の祖先　14
　――の卵　14, 28, 29, 53, 146
　――の発見　146, 147
　――の復元　23, 30
　――の立体画像　31
　――の隣人たち　103-117
曲竜類　7, 16, 17, 80-83, 148
魚竜類　10, 28, 124, 125, 143, 147, 148
偽竜類　122, 123
グアンロン　47
クシファクティヌス　23
首長竜類　10, 126-128, 143, 147, 148
クリオロフォサウルス　39, 147
クリプトクリドゥス　126

グリポサウルス　25
クルロタルシ類　106, 107, 148
クロノサウルス　129, 143
ケツァルコアトルス　135, 140, 142
ケラチン　73, 75, 148
ケラトサウルス　37
顕花植物　12
堅頭竜類（パキケファロサウルス類）　17, 96, 97, 148
ケントロサウルス　76, 77, 147
剣竜類　17, 72-77, 148
恒温動物　148
コエロフィシス　9, 36
ゴジラサウルス　35
古生代　4, 148
古生物学者　146-148
古第三紀　7, 21
骨　板　78, 80, 149
コリトサウルス　31, 92
古竜脚類　17, 56-59, 149
ゴルゴサウルス　83
コロニー　149
ゴンドワナ大陸　10, 12, 149
コンプソグナトゥス　46

【さ】

サウロペルタ　79
サウロポセイドン　142, 144
サウロロフス　145
雑食恐竜　34, 36, 149
ザラムブダレステス　13
サルタサウルス　66, 71
三畳紀　6, 8～11, 34, 56, 104, 116, 120, 122, 135, 136, 149
四肢動物　5, 14, 149
始祖鳥　➡アーケオプテリクスを見よ

シダ植物　8, 33
シティパティ　49, 53
シノコノドン　117
シノサウロプテリクス　18, 147
シノルニトサウルスの化石　18, 27
シモスクス　111
シャオティンギア　54, 143
シャンツンゴサウルス　142, 145
獣脚類　6, 11, 16-19, 36-53, 142, 145, 149
鷲竜類　106, 107, 149
シュノサウルス　70
ジュラ紀　6, 10, 33, 65, 72, 78, 89, 126, 137, 149
主竜類　15, 103, 106-113, 136, 146, 149
　一番古い――　143
小惑星　7, 20, 21, 147, 149
植　物　8, 10, 12
　デボン紀の――　5
植物食恐竜　34, 36, 56, 84, 98, 104, 149
植竜類　108
ショニサウルス　124, 143
シルル紀　4
進　化　149
新生代　7, 149
新第三紀　7
シンラプトル　43
人類の祖先　7
巣　53, 146
すい星　7, 20, 21
スクテロサウルス　72, 75
スケリドサウルス　74, 75
ズケンティランヌス　145
スコミムス　40
スタガノレピス　106
スティラコサウルス　17, 101

索　引 | **153**

ステゴケラス　96
ステゴサウルス　73, 77, 147
ストロマトライト　4, 149
スーパーサウルス　144
スピノサウルス　41, 145, 146
スフェノスクス　89, 110
生痕化石　23, 28, 29, 149
生態系　149
石炭紀　5
脊椎動物　4, 5, 149
絶　滅　7, 20, 147, 149
先カンブリア時代　4, 149
セントロサウルス　98
装盾類　78-83
属　150

【た】

代　4, 150
胎　盤　150
第四紀　7
ダコサウルス　110
ダチョウ恐竜　113
卵　14, 28, 29, 53, 146
タルボサウルス　44
チクシュルーブクレーター　21
チャオフサウルス　143
中生代　6, 7, 10, 16, 103, 124, 135, 150
鳥脚類　16, 17, 84-95, 145, 150
鳥盤目　17, 35, 84, 142, 146, 150
鳥　類　13, 18, 19, 146
　一番古い──　143
　原始的な──　54, 55
　最初の──　147
チンタオサウルス　147
椎　骨　150
角　98

角竜類　7, 12, 13, 17, 98-101, 142, 150
ディキノドン類　114, 115, 150
ディクラエオサウルス　63
ティタノサウルス　66
デイノケイルス　142
デイノスクス　107, 111
デイノニクス　36, 51, 79, 86
ディプロドクス　60, 65, 144, 146, 147
ディメトロドン　5
ディモルフォドン　137
ティラノサウルス　36, 42, 46, 47, 145, 146
ティラノサウルス類　150
ティラノティタン　145
ディロフォサウルス　38
テコドントサウルス　57
デスマトスクス　107
テノントサウルス　86
デボン紀　5
テムノドントサウルス　125
テムブスキア　12
テレストリスクス　110
頭　骨　142, 150
トウジャンゴサウルス　77
トゥパンダクティルス　141, 142
トゥリアサウルス　144
と　げ　72, 74, 78
とさか　33, 142
ドライオサウルス　85
トリケラトプス　13, 98, 99, 146, 147
トリナクソドン　115
トロオドン　50, 51, 142, 147

【な】

軟体動物　150

肉食恐竜　11, 16, 34, 36
肉食動物　150
二足歩行　150
ネミコロプテルス　142
ネメグトゥバアタル　116
ネメグトサウルス　71
脳　50, 142
ノトサウルス　119, 123
ノトサウルス類　122, 150
ノドサウルス類　78, 79, 150

【は】

歯　56, 114
パキケファロサウルス　97, 142
パキケファロサウルス類　➡堅頭竜類を見よ
パキプレウロサウルス　122
白亜紀　6, 7, 12, 13, 21, 80, 126, 132, 150
は虫類　5, 10, 106, 112, 114, 150
　一番古い──　143
　海の──　119-133, 143
　植物を食べる──　9
　空飛ぶ──　9, 135-141
ハドロサウルス　92
ハドロサウルス類（カモノハシ竜）　12, 13, 44, 84, 92-94, 142, 150
パラサウロロフス　95
パラスクス　15, 108
パラリティタン　144
バリオニクス　25, 36, 40
バルスボルディア　44
バロサウルス　16, 62, 64, 65
パンゲア大陸　8, 10, 150
パンデリクティス　14
被子植物　151

ニト科動物　6, 151
皮　ふ　23, 26, 31, 33, 78
ニプシロフォドン　86
ニプシロフォドン類　84, 90, 151
ニペロダペドン　9, 105
ヒロノムス・リュエリ　143
フアヤンゴサウルス　76
フェナコドゥス　21
プシッタコサウルス　98
プシッタコサウルス類　151
フタロンコサウルス　144
プテロダクティルス　11, 135, 138, 139
ブラキオサウルス　11, 69, 146, 147
ブラキロフォサウルス　95
ブラケリアス　114
プラコドゥス　120
プラコドン類　119, 120
プラテオサウルス　58
プリオサウルス類　128-131, 143, 151
プリオプラテカルプス　133
プレウロメイア　8
プレシオサウルス　119, 127
プロケラトサウルス　47
プロトケラトプス　99, 146
プロトステガ　119
ブロントサウルス　➡アパトサウルスを見よ
ふん石　23, 28, 151
ペティノサウルス　138
ヘテロドントサウルス　84
ペルム紀　5, 115
ヘレラサウルス　34
変温動物　151
ペンタケラトプス　100, 142
捕食者　151

ポストスクス　15, 103, 107-109
哺乳類　7, 13, 21, 103, 151
　一番古い──　143
　原始的な──　116, 117
骨　142
　剣竜類の──　72
　──の化石　24, 25
ポラカントゥス　26

【ま】

マイアサウラ　13, 92
マウイサウルス　143
マグノリア　12
マッソスポンディルス　59
マメンチサウルス　6, 68, 147
ミクソサウルス　125
ミクロラプトル　19, 50
ミンミ　81
無脊椎動物　4, 151
ムッタブラサウルス　16, 87
メガゾストゥロドン　117
メガロサウルス　91, 147
メトリオリンクス類　110, 151
モササウルス　13, 119, 132, 143
モササウルス類　13, 132, 133, 143, 151
モノロフォサウルス　38
モルガヌコドン　116
モンキーパズルツリー　10

【や】

翼開長　151
翼指竜　137
翼竜類　9, 11, 106, 135-142, 151

【ら】

ラウスキア類　108, 109, 112, 113, 151
ラゴスクス　108
裸子植物　151
ラブドドン　90
ラムフォリンクス　136
ラリオサウルス　122
ランベオサウルス　93, 145
リアオキシオルニス　13
リオプレウロドン　128
リストロサウルス　115
竜脚形類　17, 151
竜脚類　6, 11, 16, 17, 60-71, 142, 144, 151
竜　骨　151
竜盤目　17, 35, 146, 151
両生類　151
リリエンステルヌス　37
リンコサウルス　104
リンコサウルス類　9, 103-105
ルーフェンゴサウルス　59, 147
レアエリナサウラ　86
霊長類　7, 8, 151
レソトサウルス　85, 88, 89
レプトクレイドゥス　143
ロマレオサウルス　129-131
ローラシア大陸　10, 12, 151

【わ】

ワニ類　15, 103, 106, 107, 110, 111, 151

謝辞 しゃじ

Dorling Kindersley would like to thank: Stewart Wild for proofreading; Helen Peters for indexing; David Roberts and Rob Campbell for database creation; Claire Bowers, Fabian Harry, Romaine Werblow, and Rose Horridge for DK Picture Library Assistance; Tanveer Abbas Zaidi for CTS assistance; and Tanya Mehrotra and Mahipal Singh for design assistance.

The publishers would also like to thank the following for their kind permission to reproduce their photographs:

(Key: a-above; b-below/bottom; c-centre; f-far; l-left; r-right; t-top)

1 Dorling Kindersley: Peter Minister, Digital Sculptor (r). **2–3 Dorling Kindersley:** Jon Hughes (c). **4 naturepl.com:** Doug Perrine (bl). **6–7 Science Photo Library:** MARK GARLICK (bc). **6 Dorling Kindersley:** Jon Hughes (r). **7 Getty Images:** Dan Kitwood (tr). **8 Dorling Kindersley:** Andy Crawford / David Donkin - modelmaker (tl). **9 Dorling Kindersley:** Jon Hughes (ca); Peter Minister, Digital Sculptor (br). **10 Dorling Kindersley:** Andy Crawford / David Donkin - modelmaker (tl). **11 Dorling Kindersley:** Andrew Kerr (b); Peter Minister, Digital Sculptor (tl). **Getty Images:** Siri Stafford / Riser (b/background). **12 Dorling Kindersley:** Andy Crawford / David Donkin - modelmaker (tl). **13 Corbis:** Inspirestock (br/background). **Dorling Kindersley:** Peter Minister, Digital Sculptor (br). **14 Dorling Kindersley:** Natural History Museum, London (b); The Oxford University Museum of Natural History (cr). **16 Dorling Kindersley:** Peter Minister, Digital Sculptor (bl). **17 Dorling Kindersley:** Tim Ridley / Robert L. Braun - modelmaker (bl). **18 Corbis:** Grant Delin / Outline Gallery (bc). **Reuters:** Mike Segar (r). **19 Dorling Kindersley:** Peter Minister, Digital Sculptor (cr). **Science Photo Library:** Christian Darkin (tl). **20 Science Photo Library:** MARK GARLICK (b). **21 Alamy Images:** Yogesh More / ephotocorp (cl). **Dorling Kindersley:** Bedrock Studios / Jon Huges (br). **Science Photo Library:** D Van Ravenswaay (tl). **23 Dorling Kindersley:** James Stevenson / Donks Models - modelmaker (b). **24 Dorling Kindersley:** Natural History Museum, London. **25 Dorling Kindersley:** Royal Tyrrell Museum of Palaeontology, Alberta, Canada (tr). **26 Dorling Kindersley:** Natural History Museum, London (bl). **The Natural History Museum,** London: (tr). **27 Reuters:** Mike Segar (r). **29 Corbis:** Louie Psihoyos / Terra (tr). **Dorling Kindersley:** Natural History Museum, London (b). **30 Corbis:** Louie Psihoyos / Terra. **32 Corbis:** Philippe Widling / Design Pics (background). **Dorling Kindersley:** Peter Minister, Digital Sculptor. **33 Corbis:** Kevin Schafer (br/background). **Dorling Kindersley:** Peter Minister, Digital Sculptor (b). **36 Corbis:** Randall Levensaler Photography / Aurora Photos (br/Background). **Dorling Kindersley:** Natural History Museum, London (tl); Peter Minister, Digital Sculptor (br). **38–39 Corbis:** Philippe Widling / Design Pics (background). **Dorling Kindersley:** Peter Minister, Digital Sculptor. **38 Dorling Kindersley:** Andy Crawford / Robert L Braun - modelmaker (tl). **40 Dorling Kindersley:** Jon Hughes (t); Gary Ombler / Jonathan Hately - modelmaker (b). **42 Corbis:** Gary Weathers / Tetra Images (background). **Dorling Kindersley:** Peter Minister, Digital Sculptor. **43 Dorling Kindersley:** Gary Ombler (t). **46 Corbis:** Mitsushi Okada / amanaimages (bl/background). **46–47 Corbis:** Randall Levensaler Photography / Aurora Photos (bc/background). **Dorling Kindersley:** Peter Minister, Digital Sculptor (c). **47 Dorling Kindersley:** Natural History Museum, London (tr). **48 Dorling Kindersley:** Royal Tyrrell Museum of Palaeontology, Alberta, Canada (b). **48–49 Dorling Kindersley:** Royal Tyrrell Museum of Palaeontology, Alberta, Canada (tc/background). **49 Corbis:** Owen Franken (r/background). **Dorling Kindersley:** Peter Minister, Digital Sculptor (r). **50 Science Photo Library:** Christian Darkin (t). **51 Dorling Kindersley:** Jon Hughes (bl); Peter Minister, Digital Sculptor (b). **52–53 Corbis:** Owen Franken (background). **Dorling Kindersley:** Peter Minister, Digital Sculptor. **54 Corbis:** moodboard (b/background). **Dorling Kindersley:** Peter Minister, Digital Sculptor (b). **55 Dorling Kindersley:** Jon Hughes (bl); Natural History Museum, London (tc); Peter Minister, Digital Sculptor (tl). **56 Dorling Kindersley:** Jon Hughes (br); Institute of Geology and Palaeontology, Tubingen, Germany (cl, b). **61 Alamy Images:** Rob Walls (tl). **Corbis:** Louie Psihoyos / Science Faction (r). **62–63 Dorling Kindersley:** Peter Minister, Digital Sculptor (t). **Getty Images:** Siri Stafford / Riser (t/background). **62 Getty Images:** Jeffrey L Osborn / National Geographic (br). **64–65 Dorling Kindersley:** Peter Minister, Digital Sculptor. **Getty Images:** Siri Stafford / Riser (background). **66–67 Corbis:** Alan Traeger (b/background). **66 Dorling Kindersley:** Peter Minister, Digital Sculptor (b). Jon Hughes (t). **68–69 Dorling Kindersley:** Andrew Kerr. **Getty Images:** Siri Stafford / Riser (r/background). **68 Dorling Kindersley:** Jon Hughes (b). **70 The Natural History Museum, London:** (br). **73 Dorling Kindersley:** Peter Minister, Digital Sculptor. **Getty Images:** Holger Spiering (background). **74–75 Dorling Kindersley:** Peter Minister, Digital Sculptor. **Getty Images:** Oliver Strewe / Photographer's Choice (background). **77 Dorling Kindersley:** Leicester Museum (r). **80 Dorling Kindersley:** Jon Hughes (b). **82–83 Corbis:** John Carnemolla (background). **Dorling Kindersley:** Peter Minister, Digital Sculptor. **84 Corbis:** Kevin Schafer (br/background). **Dorling Kindersley:** Peter Minister, Digital Sculptor (br). **85 Corbis:** Paul A Souders (t/background). **Dorling Kindersley:** Peter Minister, Digital Sculptor (t). **88–89 Corbis:** Paul A Souders (background). **Dorling Kindersley:** Peter Minister, Digital Sculptor. **91 Dorling Kindersley:** Jon Hughes. **94–95 Dorling Kindersley:** Peter Minister, Digital Sculptor. **Getty Images:** Panoramic Images (background). **95 Dorling Kindersley:** Peter Minister, Digital Sculptor (br); Royal Tyrrell Museum of Palaeontology, Alberta, Canada (tr). **96 Dorling Kindersley:** Royal Tyrrell Museum of Palaeontology, Alberta, Canada (br). **97 Corbis:** Radius Images (background). **Dorling Kindersley:** Peter Minister, Digital Sculptor. **98 Dorling Kindersley:** Natural History Museum, London (bl, cl, br, tl). **99 Corbis:** Inspirestock (br/background). **100–101 Getty Images:** De Agostini Picture Library (tc). **104–105 Dorling Kindersley:** Institute of Geology and Palaeontology, Tubingen, Germany (b). **105 Dorling Kindersley:** Natural History Museum, London (t). **107 Dorling Kindersley:** Jon Hughes (br). **108 Dorling Kindersley:** Jon Hughes (tl). **114 Dorling Kindersley:** Natural History Museum, London (cl). **115 Dorling Kindersley:** Natural History Museum, London (bl). **122 Dorling Kindersley:** Royal Tyrrell Museum of Palaeontology, Alberta, Canada (bl). **123 Dorling Kindersley:** David Peart (background). **125 Dorling Kindersley:** Jon Hughes (br). **126 Dorling Kindersley:** Hunterian Museum (University of Glasgow) (b). **129 Corbis:** Mark A Johnson (tr/background). **Dorling Kindersley:** Peter Minister, Digital Sculptor (b). **130–131 Corbis:** Mark A Johnson (background). **Dorling Kindersley:** Peter Minister, Digital Sculptor. **135 Dorling Kindersley:** Peter Minister, Digital Sculptor (bc). **136 Dorling Kindersley:** Jon Hughes (tl). **137 Dorling Kindersley:** Jon Hughes (bl); Peter Minister, Digital Sculptor (tr); Robert L Braun - modelmaker (br). **Getty Images:** DAJ (tr/background). **138–139 Dorling Kindersley:** Peter Minister, Digital Sculptor. **Getty Images:** DAJ (background). **141 Dorling Kindersley:** Peter Minister, Digital Sculptor (tr).

Jacket images: Front: **Dorling Kindersley:** The American Museum of Natural History clb, Graham High at Centaur Studios - modelmaker tl, cr/ (Brachiosaurus), cb, Jon Hughes tr, cl/ (Argentinosaurus), tl/ (Velociraptor), Jon Hughes / Bedrock Studios ftr, tl/ (Scutosaurus), cla, Graham High - modelmaker tl/ (Pentaceratops), Jonathan Hately - modelmaker cra/ (Baryonyx), Robert L Braun - modelmaker ca, cra/ (Dilophosaurus), crb/ (Carnotaurus), br, Centaur Studios - modelmakers c/ (Triceratops), Leicester Museum clb/ (Tuojiangosaurus), Natural History Museum, London crb/ (Archaeopteryx), bl, bl/ (Psittacosaurus), br/ (Triceratops), Peter Minister, Digital Sculptor bl/ (Deinonychus), c, Tim Ridley / Robert L Braun - modelmaker tl/ (Styracosaurus), Royal Tyrrell Museum of Palaeontology, Alberta, Canada tr/ (skeleton), cr, crb; Back: **Dorling Kindersley:** Jon Hughes fclb, Jonathan Hately - modelmaker clb, Royal Tyrrell Museum of Palaeontology, Alberta, Canada cla; Spine: **Dorling Kindersley:** Peter Minister, Digital Sculptor t.

All other images © Dorling Kindersley

For further information see:
www.dkimages.com